VOYAGE EN PERSE

PAR

LE PRINCE ALEXIS SOLTYKOFF

TROISIÈME ÉDITION

PARIS
VICTOR LECOU, LIBRAIRE-ÉDITEUR,
10, RUE DU BOULOI.

MDCCCLIV

VOYAGE

EN PERSE

— CORBEIL, TYPOGRAPHIE ET STÉRÉOTYPIE DE CRÉTÉ. —

VOYAGE
EN PERSE

PAR

LE PRINCE ALEXIS SOLTYKOFF

TROISIÈME ÉDITION

PARIS
VICTOR LECOU, LIBRAIRE-ÉDITEUR,
10, RUE DU BOULOI.

—

MDCCCLIV

INTRODUCTION.

INTRODUCTION.

J'avais connu dans mon enfance M. Orlofski, un de nos meilleurs peintres de genre, qui s'occupait de préférence de sujets orientaux. Je crois que cette circonstance fut en partie cause de mon goût pour le dessin et aussi de mon goût pour l'Orient. Vers la même époque, il fut question d'une grande ambassade qui devait arriver de Perse à Saint-Pétersbourg, et pendant tout le temps qu'elle mit à faire le trajet, je ne saurais dire avec quelle impatience je comptai les instants. Enfin elle arriva [1]. C'était un jour d'hiver et

[1] Planche n° 1.

de brume. Vers trois heures de l'après-midi, alors que commence le crépuscule, après une longue et fiévreuse attente à une fenêtre de notre maison sur le quai de la Néva, j'entendis une marche guerrière des chevaliers-gardes, — elle résonne encore à mes oreilles, — et je vis de loin deux masses étranges qui s'avançaient avec un balancement particulier. C'étaient des éléphants bottés, fantastiquement peints et drapés, qui ouvraient à pas lents la marche du cortége. Je crus voir une apparition de l'autre monde. Deux Abyssiniens, magnifiquement vêtus de velours galonné, les suivaient sur des étalons couverts d'écume. Puis vinrent douze chevaux fougueux, presque tous gris, présent de Fet-Ali-Schah à l'empereur Alexandre. Ils étaient tenus en laisse par des Persans habillés de noir qui marchaient à pied, et auxquels le froid dont ils souffraient donnait un air singulièrement farouche. Une troupe de cavaliers persans, toute resplendissante de drap d'or et de cachemires, parut ensuite, précédant la voiture dorée de la cour. Dans cette voiture, attelée de huit chevaux et entourée de coureurs et de pages, était l'ambassadeur Mirza-Aboul-Hassan-Khan, en robe de cachemire blanc, avec l'étoile en diamant et le cordon vert de l'ordre du Soleil. Neuf chevaux étrangement harnachés et menés en laisse par des cavaliers persans vêtus de rouge, passèrent encore, et la marche se termina par des cosaques et des cuirassiers. Cette scène singulière, attendue depuis très - longtemps, produisit une impression profonde sur mon imagination, et me donna une envie extrême d'aller en Asie et surtout en Perse, envie que je ne satisfis que longtemps après, en 1838.

LE CAUCASE.

VOYAGE

EN PERSE.

LE CAUCASE.

Je passe sous silence le trajet de Pétersbourg à Ou-rukh. Ce nom ne promettait guère, et l'endroit se trouva digne du nom. Heureusement je parvins à m'y emparer d'une baraque vide, car on voulait me loger avec une femme et trois enfants.

La veille, à Yékatérinograde, j'avais eu le tort de me soumettre aux volontés tyranniques de mon hôte, un boiteux, qui, après avoir refermé brusquement sur moi sa porte cochère, s'était fait un malin plaisir de répondre négativement à toutes mes questions. Je lui demandais d'aller informer de mon arrivée le commandant de la place. « A onze heures et demie du soir! dit-il; mais il n'est plus visible, et il ne le sera pas avant sept heures du matin. » — Et comme je me récriais, insistant pour qu'on lui envoyât mes papiers. « Ah! mais, reprit-il d'un air nonchalant, ce n'est pas ici comme ailleurs. Vous attendrez peut-être demain et après-demain, et bien des jours encore, qui sait? »

On conçoit ma perplexité. « Mais c'est impossible, lui dis-je; je voyage par ordre du gouvernement. — Et vous espérez peut-être avoir des chevaux de poste, répliqua-t-il. — Sans doute. — Mais il n'y a plus de poste à partir d'ici; c'est fini; il n'y a rien. Il faudrait louer des chevaux, et il n'y en a pas un seul dans la ville. »

Que faire en présence de tant d'obstacles? Il fallut bien me résigner à attendre qu'il fît jour chez ce terrible commandant; mais, malgré ma crainte d'indisposer contre moi l'arbitre de mon sort, j'exigeai que l'on me conduisît chez lui à six heures au lieu de sept; et quel fut mon étonnement de le trouver tout habillé, fort empressé et fort aux regrets que je ne lui eusse pas envoyé mes papiers la veille au soir; si bien qu'il mit sur-le-champ à ma disposition une escorte, que les chevaux se trouvèrent comme par enchantement, et qu'après un copieux déjeuner je partis au grand désappointement des autres voyageurs, envieux de mon bonheur.

A Ourukh, où, après avoir fait trente pénibles verstes avec mon escorte d'infanterie, je m'arrêtai pour coucher, mon étoile me fut plus favorable encore; car tout obligeant que j'eusse trouvé le commandant d'Yékatérinograde, j'eus plus encore à me louer de celui d'Ourukh. C'était un officier de l'armée, un grand homme à la figure prévenante; et sa physionomie n'était pas trompeuse, car il s'occupa avec sollicitude de tous les détails de mon établissement pour la nuit. Il me fit apporter deux qualités d'eau, dont une pour le thé. Quoiqu'il fût bien tard, il alla m'acheter, lui-même, plusieurs espèces de vins : haut Sauterne, vin du Rhin, Madère et cette tisane de Champagne indigène que nous appelons en Russie demi-Champagne. Enfin, après m'avoir donné tous les renseignements qui pouvaient m'être utiles pour mon voyage, et être entré dans toutes sortes de détails sur le climat et sur les précautions à perndre contre la fièvre, il me demanda à quelle heure je voulais partir le lendemain, combien de gens de convoi je voulais avoir, et il me quitta pour s'occuper de me préparer des chevaux. A peine était-il parti que l'on vint me dire qu'il avait envoyé une sentinelle pour garder mon équipage pendant la nuit. Il était impossible de pousser plus loin les attentions. Voyant que ma cabane était propre, qu'elle était exempte de tout *tarakan* (blatte) et de toute mauvaise odeur, je fis faire mon lit sur de la paille, et je m'y étendis en sybarite, après avoir mangé trois œufs avec du pain, et bu un verre de vin du Don. Il y avait bien longtemps que je ne m'étais étendu dans un lit; j'en avais besoin. Ce repos me restaura, et je me remis en route, le lendemain, dans une excellente situation de corps et d'esprit pour admirer le site qui commençait à devenir montagneux et très-beau.

J'arrivai bientôt, en effet, à Vladikavkaze, au pied des montagnes du Caucase. L'air, brûlant jusqu'alors comme il l'est au mois d'août, commençait à devenir humide et frais. Ici se terminait enfin la plaine que je venais de traverser depuis Pétersbourg, sans autre interruption que les soi-disant montagnes de Voldaï, entre Novgorod et Tvére, qui ne sont qu'un plateau entrecoupé de ravins. Ici m'abandonnait l'escorte de cavalerie et d'infanterie qui m'avait accompagné depuis Yékatérinograde, à peu près l'espace de cent verstes, à travers la plaine de la Kabarda, hantée par les Tcherkess ennemis, Tchetchènes et autres [1]. Il ne me restait plus que cent soixante et dix verstes à faire pour arriver à Tiflis.

Le chemin que j'avais suivi dans cette plaine passe par des champs de hautes herbes, fréquemment entrecoupés de courants d'eau limpide et froide. Par intervalles, dans l'éloignement, s'étendent des forêts basses et touffues, et derrière, à l'horizon, des montagnes bleues. De temps en temps on rencontre un troupeau de moutons conduit par un Ossète ou un Kabardien. Les diverses peuplades qui fréquentent ces lieux se ressemblent. Leur physionomie a généralement une expression farouche. Quelle en est la cause ? Est-ce leur humeur féroce et belliqueuse, le

1. Planche nº 2.

peu de sécurité qu'offre leur état demi-sauvage, ou bien plutôt, comme le supposait M. Capher, médecin de notre mission en Perse, est-ce simplement l'effet du soleil qui les force à froncer les sourcils ? Pourquoi aussi dédaignent-ils la mode russe et ne mettent-ils pas de visière à leurs bonnets ?

Par moments, j'entendais dans ces plaines comme une musique étrange. On aurait dit des gémissements lointains; mais bientôt ils croissaient rapidement, et se changeaient en grincements intolérables. Ce bruit était produit par les roues non graissées de nombreuses charrettes ossètes, attelées de bœufs, qui passaient en files. Quant à des chaumières, il est rare d'en rencontrer. J'entrai dans une de ces pauvres habitations. Une femme y était, blonde, grande, vêtue de blanc, encore jeune, assise sur un canapé de bois sculpté, dont la forme et les détails avaient un cachet particulier qui ne permettait pas de supposer que ce fût une imitation de l'art européen, quoique une certaine analogie de style indiquât peut-être l'origine gothique des Ossètes. Mon entrée inattendue ne parut faire aucune impression sur l'Ossétienne. Elle ne m'honora pas même d'un regard.

La position de Vladikavkaze au pied des glaciers du Caucase rappelle la vallée de Botzen dans le Tyrol. Les hommes que je vis au bazar étaient évidemment de différentes races; mais desquelles? mon inexpérience ne me permettait pas de le distinguer encore. Je n'aurais pu dire davantage à quel peuple appartenaient les femmes qui y apportaient les pauvres productions de leurs villages. La forme de leur vêtement de toile peinte avait le cachet des premiers temps de l'Asie. Je pouvais me croire transporté en pleine antiquité. L'expression de leurs visages m'étonna. Je n'avais encore jamais vu autant de naïveté sauvage. Vivant sans doute dans les profondeurs d'une des vallées solitaires de ces montagnes, elles venaient rarement à la ville.

Au sortir de Vladikavkaze, je me trouvai dans une vallée assez étroite, et fermée de toute part. De gracieux montagnards la parcouraient sur leurs chevaux agiles[1]; d'autres étaient assis ou couchés sur l'herbe. Le soleil du matin commençait à éclairer une partie

[1] Planche n° 3.

de ces champs de verdure. Des buffles noirs qui y passaient en relevaient la couleur émeraude. Une femme passa sur une charrette; elle n'était pas mal. Sa tresse de cheveux était entortillée dans une toile grossière, tandis que son sein et ses jambes étaient nus. Quelle singularité dans les idées de décence !

La rivière serpente et bout dans la vallée qui se rétrécit de plus en plus. Un poste de Cosaques, établi sur une colline escarpée, semble indiquer que ce lieu n'est pas tout à fait sûr. Néanmoins les pauvres habitants me saluent, les enfants me demandent l'aumône, et une femme qui porte un fardeau s'arrête et voudrait attendre aussi qu'on lui donnât quelque chose; mais son pantalon est trop déchiré, et elle passe en rougissant.

La vallée, cependant, se rétrécit encore; elle devient humide et sombre ; le chemin se resserre et s'abaisse. Une autre vue se découvre, triste et sauvage. Les montagnes s'entassent les unes sur les autres autour de moi. Un *aoul* (village) solitaire se cache dans une gorge ténébreuse. Les forêts s'obscurcissent. Des brebis sont éparses sur les pentes des rochers; les pâtres reposent sur l'herbe jaunie, en bas dans la vallée leurs chevaux broutent près d'eux. De quelle incommensurable hauteur descendent ces sentiers dans cette vallée mélancolique ! C'est par ces voies pénibles que ces pâtres sont venus de leurs pauvres villages abrités aux creux des rochers.

Nous nous arrêtons, pour donner à manger aux chevaux, dans un endroit des plus sauvages, en vue d'un vieux château bâti sur un roc à pic. Habité naguère par des Ossètes, il est maintenant abandonné.

Nous poursuivons notre marche. Une pierre énorme est sur mon passage au fond de ce ravin. Elle se sera un jour détachée de ces murs où je suis enfermé comme dans une forteresse. Des cavités noircies par la fumée prouvent que des hommes se sont réfugiés sous cette pierre. Le chemin passe par des broussailles qui portent de petits fruits rouges. — Le torrent bourbeux se précipite avec fracas entre les rochers. Les montagnes se rapprochent de plus en plus. Sortirai-je jamais de ce sombre labyrinthe ? S'il y a un bout du monde, c'est ici qu'il doit être.

J'étouffais au fond de ce gouffre, et mes regards s'attachaient avec anxiété sur le ciel, mon dernier espoir, dont je n'apercevais plus qu'une bande de plus en plus étroite, lorsque, ô bonheur, je rencontrai un soldat russe, le fusil sur l'épaule et dans toute la rigueur de l'uniforme. Je n'étais donc pas égaré dans des solitudes inconnues aux hommes; je n'étais donc pas en butte au mauvais génie du Caucase, courroucé de les voir pour la première fois violées par un porfane.

Une autre remarque acheva de calmer mon imagination et de dissiper toute cette poésie terrible, c'est que mon postillon se mouchait dans ses doigts.

Tout à coup, — est-ce un accident réel de la route, ou parce que le charme funeste a été rompu? — voici que la gorge s'élargit! Voici qu'un rayon de soleil perce cette solitude effrayante, et y répand une vive et chaude lumière qui me pénètre aussi jusqu'au fond de l'âme! Une sombre ruine, posée comme un nid d'aigle sur la cime d'un roc isolé, et que mon imagination attristée peuplait naguère d'hommes féroces torturant de déplorables victimes, maintenant que ses roches noires et ses tours dégradées brillent d'un éclat d'or, ne m'apparaît plus que comme un château enchanté dans une vallée magique.

Pour jouir autant que possible de la nature, j'allais le plus souvent à pied, laissant ma voiture me suivre à une petite distance. J'aurais pu aussi le faire par prudence, car nous côtoyions en ce moment un précipice; mais comme le chemin n'était pas mauvais, je crois que le danger était plus apparent que réel.

Après avoir passé encore devant un vieux château habité, à ce qu'il me parut, par des indigènes, et sous les tours duquel étaient groupés des *sakli*, ou chaumières, j'arrivai sur la Krestovaia Gara (la montagne de la Croix). Tout le sauvage de la nature avait disparu. Sous mes pieds, devant mes yeux, se découvrait un espace immense. Des montagnes, des vallées, des forêts, des prairies se réunissaient en un seul tableau grandiose et plein d'harmonie. Je ne sais si le contraste m'exagérait l'effet de ce spectacle, mais jamais je n'avais vu un calme plus imposant, une tranquillité plus majestueuse. Ce pays était la Géorgie.

Je descendis pendant longtemps du Caucase, et

lorsque j'entrai en Géorgie, me dirigeant sur Tiflis. le paysage qui m'entoura me rappela celui qu'offrent les bords du Rhin. C'étaient aussi des montagnes. des rochers tapissés de lierre et couronnés de vieux châteaux. Seulement. au lieu d'un large fleuve, un torrent blanchâtre. l'Aragva. serpentait dans une vallée spacieuse, pleine d'arbres fruitiers, de vignobles, de plantes grimpantes et de broussailles, qui s'entrelaçaient en berceaux et formaient des abris impénétrables à l'ardeur du soleil.

Un trait particulier de ce paysage. c'est l'absence de maisons. Les Géorgiens n'en ont que de souterraines, profitant pour se les construire des accidents du sol; et lorsqu'il n'est point accidenté. ils se creusent simplement des trous dans la terre, qu'ils recouvrent de feuilles. L'idée d'être un jour enterré pour tout de bon ne doit pas effrayer beaucoup des gens qui passent leur vie de cette manière. Comme ces terriers humains sont couverts d'une végétation épaisse, et qu'on n'en voit pas même l'entrée, cela donne à ces vallées un aspect singulièrement mystérieux et solitaire. Les prairies y sont rares, et l'herbe en était jaune : — le soleil l'avait brûlée; c'est l'inconvénient des beaux climats. Des cochons, qui se promenaient sur les gazons, gâtaient un peu la poésie de ces lieux charmants. Le costume de leurs gardiens se rapprochait du persan.

Dans certains endroits, de grands noyers projetaient leur ombre sur cette végétation inférieure, et bientôt sous leur abri j'aperçus çà et là de petites constructions en pierre, composées de trois murs et d'un toit de feuilles. Le devant en est ouvert. Il s'y vend du vin et un fromage des plus repoussants, fait de lait de chèvre. Il ne me paraît pas possible qu'un étranger puisse le manger, quoique les indigènes aient l'air de l'aimer beaucoup. Autour de ces boutiques, appelées ici *doukhan*, d'insouciants Géorgiens étaient nonchalamment couchés, fumant, buvant, et laissant leurs femmes vaquer aux soins du jardinage.

A mesure que j'approchais de Tiflis, les bords de l'Aragva devenaient pierreux et arides, et je commençais à être désireux d'arriver. J'aurais dû y être depuis longtemps, si je n'eusse été retenu aux relais pendant des demi-journées, — et quels relais encore ! rien qui ne fût en désaccord avec le charme de ces beaux lieux. J'y vis jusqu'à un billard !... Un billard au milieu de toute cette poésie transcaucasienne ! Un écrivain de régiment y essayait son talent ; je me détournai avec horreur.

Entre autres endroits où le manque de chevaux me força de rester, je me rappellerai toujours Douchète, la plus vilaine ville que j'aie jamais vue sur une hauteur. Il était tard, j'avais grand'faim ; et, en sortant de voiture, je demandai à souper avec l'aplomb d'un homme qui, par son ton d'assurance, espère prévenir un refus ; car « il n'y a rien ici, » est la réponse qu'on vous fait généralement en Géorgie et au Caucase. Eclairé par mon expérience et stimulé par mon appétit, j'étais même déterminé cette fois à faire au besoin une scène pour triompher du mauvais vouloir de l'aubergiste ; mais à mon grand étonnement et à ma vive satisfaction, sans me pousser à cette extrémité, mon hôte s'agita, fit du feu, et réveilla du pied ses garçons, qui dormaient sur le perron à la belle étoile. Ils se levèrent lentement, mais enfin ils se levèrent. Moi, cependant, je me promenais de long en large sur la grande et triste place de Douchète. Le ciel était profond et tout parsemé d'étoiles. Aucun zéphir ne troublait l'air endormi, qui était chaud comme la vapeur d'un bain russe, et saturé par les herbes aromatiques d'une odeur de pharmacie.

Non-seulement j'avais grand'faim ce soir-là; mais depuis huit jours je n'avais eu pour toute nourriture que des œufs, dont je m'étais vite dégoûté, et de mauvais pain tout rempli de sable. J'attendais donc avec impatience les résultats de l'activité de mon hôte; et, fidèle au vœu que j'avais fait de ne rentrer dans l'auberge que lorsque mon souper serait prêt, je continuais d'aller et venir, voyant de loin se consumer les bougies que mon valet de chambre allemand était tout fier d'avoir apportées de Moscou, et entendant déjà les cris des premiers coqs qui se répondaient comme des sentinelles, — quand tout à coup d'autres cris, plus sinistres, des cris de détresse, des cris de mort vinrent frapper mon oreille. C'était une malheureuse victime de ma gourmandise qui se tordait sous le couteau d'un maladroit Géorgien. — Je me fis l'effet d'un assassin. C'était pour moi, parce que je ne me contentais pas de pain au sable, qu'on enlevait un fils à sa mère, qu'on privait de la douce vie, qu'on égorgeait dans l'ombre un être sans défense. Mon cœur se souleva et mon estomac aussi, à ce point que lorsqu'on m'apporta le cadavre du poulet, dont une moitié, toute noire, était rôtie et imbibée d'une graisse infecte, et dont l'autre nageait dans un liquide qui répandait une odeur de cimetière, je me levai de table avec horreur et demandai des chevaux. Il n'y en avait point, — du moins mon soigneux Allemand me le dit avec un sourire qui me parut satanique, et où je lisais le souvenir des bougies brûlées inutilement.

L'aurore jetait déjà une lueur blafarde sur cette scène funèbre. — Je tombai dans un état de désespoir inerte, et, me jetant sur un lit ou plutôt un grabat tout délabré, j'y restai sans connaissance jusqu'à une heure assez avancée du jour. Les chevaux avaient été attelés : je me laissai emmener vers Tiflis.

A la station suivante, même histoire : point de chevaux. Il me fallut rester près de cinq heures dans une chambre vide. Enfin j'obtins les moyens de continuer ma route, et je ne tardai point à apercevoir Tiflis dans le lointain ; — mais hélas ! combien peu semblable à ce Tiflis que j'avais rêvé ! Je fermai les yeux, pour tâcher de ressaisir ma vieille fiction ; mais la réalité l'avait chassée à tout jamais. Les tableaux que je m'étais tracés ne se reflétaient plus dans le miroir terni de mon imagination.

Et ce n'était pas seulement l'effet de la faim, de la chaleur, de tous les ennuis que j'avais soufferts. Tiflis, il faut le dire, n'est ni très-beau, ni très-grand. Des bâtisses européennes, blanches et grises, sont tristement resserrées entre des rochers arides. Je m'étais attendu à des jardins touffus, au luxe oriental uni à la sauvagerie montagnarde, et voilà que je n'apercevais ni verdure, ni somptueuse architecture asiatique, au moins de l'endroit où la ville s'offrait, pour la première fois, à mes regards [1].

Mon désappointement fut vif; mais plus vive encore fut l'inquiétude qu'il me jeta dans l'esprit. Tous mes autres rêves allaient-ils s'évanouir comme celui-ci? Téhéran, Tauris, la Perse, allais-je être déçu dans toutes mes espérances? O funestes emportements de l'imagination!... ou plutôt funestes relais, funestes auberges!

[1] Planche n° 4.

DE TIFLIS A L'ARAX.

DE TIFLIS A L'ARAX.

Je partis de Tiflis pour Téhéran dans la matinée du 21 septembre 1838; mes compagnons de voyage étaient le colonel Du Hamel, sa femme et le docteur Capher. Nous avions profité du beau temps pour aller à cheval, et nos voitures nous suivaient. Jusqu'à Erivan on trouve une route superbe, grâce au colonel Espejo, Espagnol au service de la Russie, qui a passé plusieurs années dans le défilé de Dilidjan, pour y pratiquer ce chemin au milieu de précipices effrayants et de rochers inaccessibles.

Notre première marche ne fut que de six lieues. Nous cheminions fort paisiblement pour ne pas fatiguer nos montures, qui devaient nous servir jusqu'à Tauris. A quelque distance de Tiflis, nous trouvâmes l'hospitalité chez un Arménien, le colonel Schemir Khan Beglaroff, interprète au service de la Russie, et on nous servit à déjeuner dans un grand jardin, tout ombragé de vignes, dont les voûtes épaisses couvraient de fraîches allées. Tous les jardins de Tiflis sont plantés d'après ce système, et offrent un délicieux abri contre le soleil.

Nous couchâmes dans un village géorgien, où se trouvait une maison russe récemment bâtie pour les voyageurs. Les villages géorgiens, je l'ai déjà dit, ne se composent d'ordinaire que de réduits souterrains, qui ressemblent moins à des habitations humaines qu'à des tanières de bêtes fauves. — Celui-ci était, du reste, agréablement situé. Des vallées et des montagnes, peuplées de troupeaux de buffles et riches de verdure; des arbres robustes et touffus, entourant les habitations dispersées dans un désordre pittoresque; enfin, dans le lointain, des hauteurs couronnées de neige.

Le lendemain, même température et même charme

dans le voyage, qui semblait une véritable partie de plaisir; les sites qui se déroulaient à nos yeux devenaient à chaque instant plus intéressants, et me rappelaient parfois la contrée qui se trouve entre Florence et Rome, après Arezzo.

Vers les trois heures de l'après-midi, nous nous arrêtâmes dans une maison assez convenable, également de construction russe, à un demi-quart de lieue environ d'un village tatare. Tandis qu'on préparait le repas, nous nous dirigeâmes à pied vers ce village, avec le docteur Capher; et, arrivés près des habitations, nous nous rapprochâmes d'une des sakli, où nous fûmes poliment accueillis par des femmes. On étendit près du feu un matelas rouge, sur lequel on nous fit asseoir, et la conversation s'engagea par gestes, et à l'aide de quelques fragments de l'idiome turc de Constantinople.

Malgré l'air sombre de leur physionomie, deux de ces femmes me parurent d'une beauté et d'une grâce ravissantes. L'une d'elles devait avoir dix-huit ans et l'autre vingt. Un pantalon, un habit court serrant la taille, qu'on nomme alkhalokh, un mouchoir noué sur la tête et un autre autour du cou, une chemise découpée à la persane, que le vêtement du corps, très-serré du reste, laisse découverte et flottante sur la poitrine; tel était l'ajustement de ces jeunes femmes. Leurs pieds étaient nus. Leurs cheveux noirs descendaient le long de leurs tempes et sur leurs joues, et leurs traits réguliers avaient une expression charmante de modestie et de pudeur naïve. Bien que le soleil eût terni les couleurs de leurs vêtements et bruni leur peau délicate, la misère n'avait pu détruire leur beauté. En les quittant, nous leur donnâmes quelques *abazes* (monnaie géorgienne qui équivaut à 80 centimes), qu'elles reçurent comme machinalement, et sans aucun signe de reconnaissance.

A la nuit tombante, je revins au village avec le docteur. Les chiens-loups qui le gardaient nous reçurent à coups de dents. J'en fus quitte pour quelque déchirures à un vieux manteau, et le docteur ne souffrit pas non plus grand dommage. Nous entrâmes dans une autre habitation, et nos regards s'arrêtèrent d'abord sur une charmante petite fille de six ans, qui, depuis plusieurs mois, s'était cassé la jambe en tombant de cheval. Son grand-père, ôtant le bandage avec précaution, nous fit voir la jambe malade qui paraissait extrêmement enflammée, et nous montra tristement un os qu'on en avait extrait et qu'il gardait dans sa poche. La pauvre enfant ne pleurait pas, et nous expliquait quelque chose avec de jolies petites paroles gutturales. Le docteur prescrivit les sangsues, et indiqua à un Tatare, qui se trouvait savoir un peu le russe, et qui lui-même avait la fièvre, le traitement qu'il convenait de suivre, tandis que la petite malade et sa mère essayaient de deviner, avec une attention touchante, des paroles qu'elles ne pouvaient comprendre.

Dans la même soirée, je m'aperçus, avec inquiétude, que j'avais perdu la clef de la cassette qui contenait toutes les ressources de mon voyage. Le lendemain matin, au départ, je traversais le village dans le vague espoir de la retrouver, lorsque je vis venir la grand'mère des jeunes femmes que nous avions vues, la veille. Elle m'appela et me remit la clef que j'avais laissée tomber à l'entrée de sa maison. Je m'arrêtai un moment pour témoigner ma reconnaissance à ces pauvres gens, qui commençaient à faire pour moi les apprêts d'une hospitalité en règle, lorsque le bruit de notre caravane qui me rejoignait, me donna le signal du départ.

A mi-chemin du trajet que nous avions résolu de faire ce jour-là, nous nous arrêtâmes dans un village nommé Astan-Begly. C'est un lieu pittoresque dont les habitations sont semées sur de riantes collines et dans de vertes vallées.

En quittant Astan-Begly, nous eûmes presque sans interruption à gravir des hauteurs. Déjà les montagnes de neige se rapprochaient de nous; et l'aspect des sites devenait de plus en plus austère et sauvage. L'obscurité était complète lorsque nous arrivâmes à Bibiss, village arménien, situé dans un lieu romantique, mais aride. Suivi d'un Tatare, j'avais devancé mes compagnons, et comme rien n'avait été préparé pour madame Du Hamel, j'essayai de remplir les fonctions de quartier-maître. Je fixai mon choix sur la maison d'un prince arménien, qui n'avait pas l'air trop content de notre visite. Mais que faire ? Toutes les autres soi-disant maisons étaient des antres souterrains dont la vue seule faisait frémir, et j'avais longtemps erré dans l'obscurité avant de me heurter contre l'habitation princière, qui, du reste, ressemblait plutôt à une étable. En effet j'y trouvai les buffles en compagnie des dames de ce palais, qui s'éloignèrent précipitamment sans vouloir même agréer mes excuses. Peu à peu notre société se rassembla. Nos équipages qui étaient restés en arrière, finirent par arriver. Nous soupâmes tant bien que mal, — je puis même dire mal, et bientôt chacun ne songea plus qu'à se reposer des fatigues de la journée. Quant à moi, j'avais remarqué, avec inquiétude, que le plafond de la chambre était tapissé de toiles d'araignée, et j'eus à ce sujet, avant de me mettre au lit, une conférence avec mon fidèle domestique Yégore. Son avis fut qu'il serait de la dernière imprudence de troubler les anciens locataires du palais. Je me rendis sur le champ à cette observation judicieuse, frappé de l'idée qu'ils se disperseraient dans toute la maison au premier coup de balai, et je me couchai sans bruit de peur de les réveiller. Mais malgré cette précaution, voilà qu'au milieu de mon sommeil, il me tomba sur la main une goutte de liquide froid ! Etait-ce du venin de tarentule ? — Une lumière jaunâtre pénétrait déjà à travers deux ouvertures décorées du nom de fenêtres, que j'avais mal bouchées, et mon étrange logement, à cette clarté douteuse, me fit l'effet d'un vaste nid d'araignées. En effet, dans cette salle arménienne, il y avait une telle absence d'architecture quelconque, — à ses vieux murs tant de crevasses, — sur son plafond noirci un tel labyrinthe de poutres sans symétrie, de si ténébreux enfoncements, et sur tout cela une teinte si poudreuse, si monotone, que je n'y reconnaissais plus la main de l'homme.

J'étais livré à ces réflexions, quand tout à coup la porte s'ouvre, et il entre deux jeunes buffles qui s'approchent sans façon de mon lit. Un grand et svelte Arménien se chargea de les expulser. Ce n'était rien moins qu'un parent de notre hôte, un jeune prince à la physionomie rêveuse, et portant sur toute sa personne l'empreinte de cette indolence apathique qui caractérise les Orientaux.

De Bibiss à Caravanseraï, le chemin traverse une véritable vallée tyrolienne, entourée de montagnes dont les cimes sont couvertes de neige. Des forêts de chênes ombragent les pentes inférieures, et projettent sur la route leurs branches toutes festonnées de lierre.

Caravanseraï, situé à six lieues de Bibiss, est, comme ce dernier, un village arménien. Nous y fîmes une halte pour laisser reposer nos chevaux, et nous y trouvâmes M. Espejo, ce colonel espagnol au service de la Russie, qui, comme je l'ai dit, a été chargé d'ouvrir, entre Tiflis et Erivan, un chemin dont les travaux sont aujourd'hui presque terminés. Cet officier nous fit avec beaucoup de grâce les honneurs de la plus singulière des habitations du genre de celles dont j'ai déjà fait mention. Sa demeure nommément était une espèce de caveau, dont l'humidité, l'obscurité, le froid sépulcral et la privation presque absolue d'air respirable, faisaient un séjour aussi insalubre qu'incommode. Après un excellent dîner, assaisonné par une conversation agréable, le colonel nous abandonna son funèbre appartement, et alla chercher un abri dans une autre grotte en comparaison de laquelle celle qu'il nous cédait eût pu passer pour un palais. J'eus la fatale idée de suivre l'exemple de mes compagnons, et je m'établis pour la nuit dans ce caveau, au lieu d'aller chercher le sommeil dans ma voiture, mais je ne tardai pas à m'en repentir. Mon valet de chambre m'avait à peine quitté, emportant ma lumière, hélas! et mes bottes, qu'une indicible angoisse s'empara de moi, l'humidité me saisit et l'air commença à me manquer. Cependant M. Du Hamel et le docteur, couchés à quelques pas, dormaient déjà si paisiblement, que je craignis de les réveiller, et je me résignai, en attendant le chant du coq et le lever du soleil, à passer une interminable nuit avec les tristes sentiments d'un homme enterré vivant.

Les coqs chantèrent ; mais le soleil ne parut pas ; la pluie nous força de quitter Caravanseraï en voiture.

Les villages occupés par les Arméniens ont une physionomie moins animée que ceux qui sont habités par les Tatares. Les jeunes femmes ne s'y montrent jamais qu'enveloppées de voiles épais. Rien n'égale leur sauvagerie. Si elles aperçoivent un homme, elles s'empressent de fuir, car pour ces chrétiens devenus musulmans par leurs habitudes, la présence d'une femme est considérée comme une souillure. Tant qu'une fille n'est pas mariée, elle est obligée de garder le silence, et de ne s'exprimer, autant que possible, que par signes. Ce n'est même qu'après une première couche qu'il est permis à une femme d'adresser la parole à ses parents. — Tels sont, du moins, les renseignements que j'ai recueillis, et Dieu veuille qu'ils soient fort exagérés. — Ainsi s'écoule la jeunesse de ces infortunées, privées du plus noble privilége de notre espèce, végétant au fond de souterrains humides; ainsi s'explique leur teint flétri, leur air morne et maladif. L'avarice et la jalousie, traits distinctifs du caractère arménien, se lisent sur la physionomie sombre des hommes; leur visage est long et blême, leurs yeux sont caves, leur regard inquiet.

En traversant cette magnifique vallée de Dilidjan, je ne pouvais m'empêcher de comparer, par le souvenir, certains sites que nous parcourions, avec le passage situé entre Terni et Narni, sur la route de Rome. Tout ici semble se réunir pour former un des plus admirables spectacles que la nature agreste puisse présenter : les rochers, mêlés de verdure, dont les formes pittoresques varient à chaque pas; le fracas des cascades, la douce fraîcheur de l'air, la richesse de la végétation. De toutes parts, le paysage est animé par de nombreux troupeaux de moutons et de chèvres au poil jaunâtre et aux oreilles pendantes, comme celles des chiens d'arrêt. Tous ces animaux sont d'une rare beauté; le porc lui-même, cette bête immonde et grossière, prend ici des formes presque gracieuses, élégantes et sveltes. Je ne le reconnais plus avec ses hautes jambes, son corps mince. Serait-ce le manque de nourriture? Non. C'est qu'on s'aperçoit bien, suivant une expression locale qui s'applique à la fois à la Perse et au Schah, qu'on approche du *centre du monde*. Tout semble en effet s'ennoblir, s'embellir, à mesure qu'on avance, les hommes et les animaux, les sites et le climat.

De longues caravanes de vaches, harnachées comme des chevaux, chargées de ballots en étoffe rayée, montées par des hommes couverts de peaux et par des femmes vêtues de chiffons de couleurs tranchantes, contribuaient à peupler le ravissant paysage que nous traversions. C'étaient des Tatares qui descendaient des montagnes pour aller choisir leurs demeures d'hiver dans les vallées. Nous remarquâmes que le teint des femmes, quoique basané, est bien plus frais et plus animé que celui des Arméniennes, ce qui vient sans doute de ce qu'elles vivent tout l'été dans des tentes dressées sur des hauteurs, tandis que les Arméniennes ne quittent jamais leurs tristes et humides caveaux. — Les jeunes, du moins; car les vieilles se traînent d'un trou à l'autre, comme des mortes errant parmi des tombeaux.

Dilidjan, que nous atteignîmes durant la nuit, le 27 septembre, est une petite ville ou plutôt un village de l'apparence la plus chétive. Quelques amas de fumier, placés à ses abords, annoncent seuls le voisinage d'une agglomération humaine; ils en sont les seuls monuments visibles, les habitations continuant de n'être que des trous creusés dans la terre, dont on voit sortir, comme des apparitions, de rares habitants à peu près vêtus à la persane. Quelques chevaux de belle race, mais amaigris par la fatigue, errent au milieu de cette solitude peuplée; ou bien on les voit soudain surgir de dessous terre montés par des cavaliers d'un air assez distingué, car on est entouré de fosses qu'on n'aperçoit pas, et il faut prendre garde. La seule maison de Dilidjan qui ne fût pas souterraine, était heureusement celle où nous couchâmes. C'était un petit bâtiment blanc, de forme peu précise et assez difficile à définir, à toit plat, avec une cheminée dans la salle, — je donne ce nom à la seule pièce qu'il contînt, — enfin, à peine comparable aux plus misérables bouges qu'on rencontre dans d'autres pays.

Le lendemain j'étais debout de fort bonne heure pour jouir de l'aspect du paysage, éclairé par le soleil levant. C'était véritablement un grand et splendide spectacle. En face de moi, dans un lointain vaporeux, les lueurs naissantes de l'aurore coloraient une gigantesque montagne couverte d'arbres à feuillage épais, et blanche de neige à la cîme.

Notre intention était d'aller coucher le soir à Tschiboughly, à cinq lieues environ de Dilidjan. Nous nous mîmes en route, mes compagnons à cheval, moi en voiture. Le chemin qui conduit à ce village est très-pittoresque; mais les branches des arbres qui le bordent, et qui forment en s'entrelaçant une voûte sur la tête du voyageur, sont souvent un obstacle à la marche des voitures et des bagages. A chaque nouvel embarras du chemin une horde d'hommes déguenillés, au nombre de plus de cent, sortant subitement des bois, se précipitait, avec des hurlements horribles, sur nos équipages pour les pousser dans la montée ou les retenir dans la descente; et certes, à voir ces figures sinistres, ces membres demi-nus sous leurs haillons, on eût dit bien plutôt une bande de brigands réunis pour nous assassiner, qu'une troupe de pauvres mercenaires empressés à nous secourir. Bientôt les forêts cessèrent; la végétation herbacée remplaça les arbres, et la neige se montra dans les ravins qui bordaient la route; les montagnes devinrent de plus en plus arides, jusqu'au moment où un lac magnifique s'offrit à nos regards. C'était le lac Sévan, environné des montagnes bleuâtres, dont les cîmes couvertes de neige se cachaient dans les brouillards. Au delà de ces montagnes était la Perse!

Du sein du lac s'élève une île sur laquelle est un couvent vieux et triste. Tout est morne dans ces lieux.

Une fois Tschiboughly franchi, la nature revêt un aspect tout à fait stérile et désolé; les vallées s'étendent, les montagnes dépouillées jettent au loin une teinte grise et monotone sur le paysage. En nous rapprochant de l'Ararat, au moyen de sentiers en pente, nous parvînmes à Erivan, par un chemin bordé de murailles de boue, derrière lesquelles se dressaient des maisons basses et informes, des jardins abandonnés, des ifs malades et des peupliers desséchés, insuffisants pour protéger de leur ombre de maigres potagers noyés dans une eau stagnante.

Le maître de police, qui était un capitaine russe, borgne et de peu d'apparence, mais fort obligeant, m'indiqua l'entrée d'une maison assez bien construite dans le goût mauresque et blanchie à l'extérieur. Cette maison avait été récemment habitée par un khan du pays, à ce que me dit le maître de police, entre autres renseignements qu'il me donna du ton le plus éloigné de l'enthousiasme qui m'exaltait; car je m'attendais en toute chose aux merveilles des Mille et une Nuits, et je m'étonnais fort en voyant les autres partager si peu mon illusion, surtout mes compatriotes, habitants de ces lieux, officiers de l'armée, ou du service civil, en général peu enclins aux rêveries de l'imagination, ou qui avaient dû perdre l'intelligence de toute cette poésie au contact de la réalité des fièvres, des privations et des ennuis du service.

Je disais que la maison que m'indiqua le maître de police avait une apparence passable. Une petite fontaine d'eau sale et des tournesols flétris représentaient, dans une cour assez misérable, le luxe oriental; mais la chambre où je fus introduit ensuite me causa une charmante surprise. Les murs couverts d'un vernis à la manière persane étincelaient de dorures et de fleurs. La cheminée s'enfonçait sous une élégante ogive, et une grande fenêtre, bariolée de vitraux de couleur, occupait presque toute l'étendue d'un mur de cette jolie demeure. Toutefois comme, à part ce luxe fait pour les yeux, cet appartement n'était rien moins que confortable, je résolus de chercher un meilleur gîte dans cette maison, qui, du reste, laissait beaucoup de choix. Le maître de police m'introduisit, à travers des jardins quelque peu délabrés, dans un harem, alors inhabité, et composé de quelques pièces assez commodes, mais un peu sombres. J'y fis allumer un grand feu, et y passai la nuit assez commodément. Mais avant de me décider à dormir, l'imagination montée par l'impatience de me trouver en Perse, j'errai longtemps dans le jardin en costume de nuit, car l'air était chaud, et j'entendais le bourdonnement des cousins. Enfin je me couchai pourtant, mais cette même envie d'arriver en Perse et des méditations profondes sur les mystères impénétrables des harems, me tinrent à moitié éveillé.

Il avait été décidé que nous passerions la journée du lendemain à Erivan, pour faire reposer nos mulets et nos chevaux. Nous profitâmes de ce loisir pour aller visiter, à quatre lieues et demie de cette ville, le monastère antique d'Etsch-Miadzine[1], dont l'origine, m'a-t-on dit, remonte à l'an 303 de l'ère chrétienne. On remarque dans l'architecture byzantine de l'église, des sculptures fort étranges.

Après avoir reçu la bénédiction du patriarche et avoir été régalé par ses ordres d'un repas composé de fromage de brebis, de kaïmak, espèce de crême en morceaux, de tranches de buffle, et de vin conservé dans des peaux de cochon, nous retournâmes à Erivan, où je passai une seconde nuit dans mon harem désert, assez incommodé par les cousins et les rêves sur les houris qui, hélas ! avaient quitté ces lieux.

Notre départ fut signalé par un accident, de peu d'importance partout ailleurs, mais très-regrettable

[1] Planche n° 5.

dans ces contrées. Au sortir de la ville, sur la plaine unie d'Erivan, mon cocher, qui était un colon bavarois (les Bavarois sont dans ce pays conducteurs de voitures, comme les Tatares et les Arméniens sont conducteurs de mulets), mon cocher, dis-je, trouva le moyen de me verser, profitant pour cela d'un canal d'irrigation, et j'y perdis la lanterne de ma dormeuse. Une glace fut aussi brisée, que je me promis de remplacer à Tauris par un vitrage de couleur des plus compliqués. Il faisait d'ailleurs un temps superbe, et une grande chaleur, tempérée par intervalles cependant par un petit vent glacial venant de l'Ararat qui, à cinq lieues de nous, élevait dans les airs sa crête blanche et ses flancs sillonnés, comme l'Etna, de longues crevasses noires. Plus nous avancions, plus le voyage devenait intéressant. A peu de distance de la station suivante, les habitants, auxquels se joignirent des Kurdes campés sur le bord de la route, vinrent à notre rencontre. Les tentes des Kurdes étaient misérables, et leurs femmes en guenilles ; mais, en revanche, les hommes étaient bien montés et bien vêtus. Leurs costumes rappelaient assez l'ancien vêtement des Turcs et des Mamelouks. Parmi cette foule accourue de la ville de Nakhitschevan au devant de l'envoyé, se trouvaient deux princes tatares, habillés tous deux en satin rouge, et si semblables l'un à l'autre, qu'on les aurait crus jumeaux. Ces jeunes gens simulèrent tour à tour plusieurs combats avec la lance, le *djirid* et le fusil, tandis que leurs compagnons, au nombre d'une vingtaine, se mêlant à leurs manœuvres et nous devançant toujours, faisaient de visibles efforts pour égayer notre route. Enfin, dans les villages que nous traversâmes, deux ou trois laids garçons, à longs cheveux, travestis en femmes, vinrent gambader autour de nos voitures, accompagnés d'un musicien qui jouait, à l'aide d'un archet, d'une espèce de mandoline incrustée de nacre et d'une forme très-singulière [1].

Nous étions encore sur le territoire russe ; mais déjà nous aurions pu nous croire au fond de l'Asie, tant nous remarquions d'originalité dans les types et dans les usages.

Le 3 octobre, nous fîmes notre entrée à Nakhitschevan. Rien n'est sauvage, et, si je puis le dire, fan-

[1] Planche nº 6.

tastique, comme l'affreux pays au milieu duquel cette ville est située. Ce sont des vallées et des montagnes de lignes étrangement austères, aux teintes verdâtres et volcaniques. Quant à la ville, c'est un assemblage informe, que l'œil d'un Européen a peine à détailler. De petites murailles de boue, qui semblent construites par des enfants maladroits, se dressent çà et là, et on voit sortir de ces misérables demeures, des vieillards décrépits, des femmes en haillons, des enfants frais et roses, mais hideusement sales. C'est là ce qu'on appelle une ville en Arménie. Et moi qui ai entendu les Arméniens à Pétersbourg et à Moscou vanter unanimement Nakhitschevan comme un paradis terrestre !

Je dois dire cependant que la maison du gouverneur Ekhsan-Khan, située en dehors de la ville, offre un aspect agréable, peut-être par la comparaison. On m'y avait préparé un excellent logement où je trouvai bien des ressources inespérées, un grand feu, des tapis moelleux et un élégant salon doré. Cet appartement faisait face à un harem du khan ; mais l'existence des femmes est entourée dans ce pays d'un si profond mystère, que je ne me donnai pas même la peine de savoir où elles étaient reléguées. Notre hôte, Ekhsan-Khan, a le grade de général au service de la Russie, et exerce les fonctions de gouverneur de la ville de Nakhitschevan et de tout le triste pays qui l'entoure. Ce dignitaire arbore fièrement ses épaulettes de général sur l'habit géorgien, costume qui prédomine encore ici.

Les mahométans de l'Arménie, et la masse des habitants de Tauris et de tout l'Aderbaïdjan, que l'on confond vulgairement sous le nom de Persans, appartiennent cependant à une race tout à fait distincte des véritables Persans, *Irani*, dont ils ne connaissent pas même la langue, qui est le *pharsi*. Ils sont réellement de race tatare, tandis que les Persans, qui habitent les contrées au delà du Caflancou, doivent être considérés comme une race primitive, ou du moins d'origine inconnue. Les langues des deux nations n'ont entre elles aucune espèce d'analogie ; il existe pareillement entre les habitants des différences si sensibles, tant dans le caractère que dans la conformation et les habitudes, qu'il est impossible de les confondre, pas plus que les Russes avec les Allemands des provinces conquises de la Baltique.

Je couchai pour la dernière fois sur le territoire russe, car nous devions le lendemain passer la frontière, — formée par le fleuve Arass, qu'on appelle ordinairement Arax, — pour entrer dans le domaine du Schah. Cette idée me tint éveillé, et j'allai faire une promenade nocturne dans le jardin, où l'air me sembla tiède et épais comme dans un bain.

DE L'ARAX A TABRIS.

DE L'ARAX A TABRIS.

Depuis l'Arax jusqu'à Tabris notre voyage fut plus commode et plus agréable. Après avoir péniblement passé le fleuve, presque un à un, dans un bateau des plus primitifs, — je me rappelle qu'il était carré, — nous aperçumes, dans une plaine déserte, des tentes nombreuses C'étaient celles d'un mihmandar qu'on nous envoyait de Tabris, et qui nous attendait, avec une suite considérable, pour nous escorter et fournir à tous nos besoins jusqu'à cette ville. Ce Persan, nommé Ali-Khan, — un très-grand seigneur, à ce qu'il nous dit, — était un gros homme laid, bavard, complimenteur et plein de forfanterie. Il s'empressa de nous montrer les tentes qui nous étaient destinées; elles étaient spacieuses et garnies de très-bons tapis. Grâce à lui, nous fîmes assez bonne chère en route; mais, quant à du vin, au lieu de nous en procurer, il but le peu que j'en avais, tout en se plaignant qu'il ne fût pas assez fort; — c'était du vin de Bordeaux.

Ma voiture l'intriguait beaucoup; mais pour rien au monde il n'y voulut monter, et il m'engageait vivement à ne plus m'y mettre moi-même, ne comprenant pas qu'on pût être assez imprudent pour confier sa vie à cette boîte roulante et à des chevaux que non-seulement on ne tient pas entre ses jambes, mais qui sont conduits par un autre. Je persistai néanmoins à ne pas m'en séparer, malgré ces excellentes raisons, et quelques autres encore, telles que les facilités du terrain et l'agrément du voyage à cheval. La cause de mon obstination, je m'en rends compte aujourd'hui que j'ai eu le temps de descendre au fond de ma conscience. C'était tout simplement la terreur des taracans, ces abominables bêtes qui ont empoisonné une grande partie de mon existence et dont je ne prononce le nom qu'avec horreur. Il pouvait s'en trouver dans quelqu'un des gîtes où je m'arrêterais, et, faute de voiture pour me servir de refuge, il me faudrait dormir à la belle étoile sous la rosée, au risque de prendre la fièvre comme cela m'arriva une fois dans le Caucase à Alexandroff. La maison où j'étais descendu était pleine de taracans, et, n'ayant point d'équipage fermé, j'avais dû passer la nuit dans la cour, sur un télègue rempli de foin. J'y gagnai une fièvre qui me mit à deux doigts de la mort, et une expérience salutaire qui ne me quittera qu'avec la vie. Du reste, la précaution, en Perse, était superflue, et après avoir traîné à peu près inutilement ma voiture jusqu'à Tabris, m'apercevant qu'il y avait peu ou point d'insectes dans ce pays, à cause de la sécheresse du sol et de la pureté de l'air, je me décidai à y renoncer.

Une de mes occupations, chemin faisant, était de bien observer les cavaliers qui m'entouraient, pour en faire de mémoire des dessins quand nous faisions halte, à commencer par Ali-Khan, notre très-illustre mihmandar.

La ville de Marand, qui se trouva sur notre passage, me parut comparativement assez agréable et animée. Une espèce de moufti ou cheikh-islam s'y joignit à notre caravane, et devint aussi pour moi un sujet d'étude. C'était une des figures les plus persanes que j'aie jamais rencontrées.

Toutes les demi-heures, Ali-Khan se faisait donner une pipe que son ferrasch lui présentait fort adroitement à cheval. Il m'en offrait les prémices ; puis il l'aspirait profondément deux ou trois fois, et alors elle passait de main en main et de bouche en bouche aux gens de sa suite jusqu'à ce qu'elle fût épuisée. C'était un simple tuyau de cerisier, mais le fourneau était d'argent. Il était garni, au fond, de petits morceaux de charbon destinés à absorber l'âcreté du tabac et à en intercepter la poudre, sans empêcher le passage de la fumée. On les change lorsqu'ils se cassent et engorgent le conduit. C'était du tabac d'Ouroumié que fumait Ali-Khan, un tabac très-doux et d'un goût exquis. La couleur en est pâle, et l'on dirait de petites cassures de bois sec. Nous n'avions pas encore atteint les provinces où l'on ne fait usage que de la pipe d'eau, si délicieuse lorsqu'elle est dans sa perfection. La plus renommée est à Chiraz, où croît la meilleure espèce de toumbak ou tembeki, plante qui ne se fume qu'à travers l'eau, étant trop narcotique.

Tabris est une des grandes villes de la Perse. On me

dit qu'elle avait quarante mille habitants. Tout ce que je sais, c'est qu'elle est loin d'être grandiose. C'est un labyrinthe de ruelles grisâtres non pavées, que bordent des murs bas, inégaux, de même couleur et de même matière que le sol. On y entre sans s'en douter comme dans un déblai de chemin de fer, et, quelque direction que vous preniez, à vos côtés et sous vos pas vous trouvez partout la même argile et la même teinte monotone : ce qui a fait dire à un de nos consuls généraux qu'on questionnait sur Tabris, que Tabris n'existait pas, et que ce qu'on appelait de ce nom n'était qu'un fossé dont on avait rejeté la terre à droite et à gauche.

Quant à moi, en y voyant errer des femmes affreusement voilées, telles que des spectres dans leur linceul, ces fossés me faisaient bien plutôt l'effet de fosses, et Tabris prenait l'aspect d'un cimetière qui s'anime dans le crépuscule. Nulle part au monde les femmes ne sont plus entourées de mystère qu'en Perse. Jamais elles ne laissent voir leur figure, pas plus dans les villages que dans les villes, ce qui n'est nullement le cas parmi les musulmans de l'Egypte, de l'Inde, et même de la Syrie et de la Turquie.

Il y a à Tabris une fort belle mosquée en ruines, couverte d'émail bleu. Le bazar est grand et animé ; les khans ou magasins y sont vastes et beaux. Mais ce n'est qu'en souvenir que je me les représente ainsi, après en avoir vu d'autres et avoir été mis au fait de ce qu'on admirait en ce genre ; car leur mérite tout relatif ne me frappa point de prime abord, et ce n'est qu'à Téhéran que je pus apprécier l'activité commerciale de Tabris.

Kahraman-Marza, fils du réformateur Abbas-Mirza petit-fils du somptueux Feth-Ali-Schah, et frère de Mohammed-Schah, alors sur le trône, était gouverneur de l'Aderbaïdjan, et résidait à Tabris, capitale de cette province : je me fis présenter à ce prince. Pénétré comme je l'étais de respect pour son rang et pour son pays, je me mis en grande tenue ; à mon entrée dans la salle d'audience où il se trouvait déjà, je lui fis la plus profonde des révérences, et lorsqu'il me donna l'ordre de m'asseoir, je ne me posai que sur le bord extrême de la chaise qu'on m'avait préparée en face de la sienne, encore ne fut-ce qu'en protestant contre cette gracieuse violence, et en essayant de donner à mes jambes et à mon corps les courbes les plus humbles.

Et qu'on ne croie pas que je fusse ébloui par le faste de sa réception, non, j'étais ému du contraste de tant de simplicité chez un homme d'un si haut rang. Il fallait ou que ce prince fût bien modeste, ou que la Perse fût bien déchue de sa splendeur. Il était assis sur un fauteuil orné de mosaïques : il était vêtu en partie à l'européenne, en patalon de drap gris et en redingote brune à boutons de cuivre, par-dessus laquelle il portait une pelisse plus courte en cachemire doublée de fourrure. Il avait des bas blancs pour toute chaussure. Son bonnet de peau de mouton de Boukhara, au poil frisé et plat, noir et luisant comme le plumage d'un corbeau, lui couvrait le front jusqu'aux sourcils et la moitié des oreilles, et s'élevait en pain de sucre à une hauteur démesurée. Son nez aquilin ne manquait pas de finesse ; ses joues étaient arrondies ; son teint, d'un blanc mat, avait quelque chose de monacal ; ses lèvres minces étaient ombragées de moustaches épaisses et très-longues ; sa barbe en collier était noire comme chez presque tous les Persans. Je doute qu'il y ait parmi eux un seul blond châtain ou roux ; mais il serait difficile de s'en assurer, car tous se teignent le poil, la plupart en noir, et quelques-uns en rouge ou en violet. Quant à des barbes blanches, je n'en ai jamais vu qu'une ou deux dans quelque pauvre village, et encore ne suis-je pas parfaitement sûr de ne pas l'avoir rêvé.

Son air était calme et doux ; son sourire était fin ; il tenait souvent baissés ou demi-clos ses yeux d'oiseau de nuit ; ses mouvements étaient rares et lents ; il parlait peu et à voix basse. Je ne citerai pas sa conversation, car elle fut à peu près nulle, ou du moins je n'en ai conservé aucun souvenir.

J'allai voir aussi le fils aîné du roi. Tabris était-elle sa résidence habituelle ? l'usage voulait-il que l'héritier du trône habitât loin du roi ? y était-il venu simplement pour accompagner ou visiter sa mère ? c'est ce que je ne saurais dire, et j'ignore également à quelles règles d'étiquette l'existence de cette princesse était soumise. Tout ce que je sais, c'est que sa présence m'y fut révélée par de splendides cadeaux de bonbons au beurre, — d'autres disent à la graisse de mouton, — accompagnés de compliments des plus gracieux et de la demande de faire pour elle le portrait de son fils chéri, puisque j'avais le don, qu'elle appelait merveilleux, de transporter sur le papier la physionomie des hommes. Je m'empressai de satisfaire de mon mieux à ce désir, et je reçus, en retour, les remercîments les plus flatteurs et encore de ces mêmes bonbons en si grande quantité que mes deux chambres en furent véritablement encombrées.

DE MIANA A TÉHÉRAN.

DE MIANA A TÉHÉRAN.

A Miana, où nous passâmes la nuit du 25, nous avions été avertis d'un ignoble et redoutable fléau. Des punaises, dont la piqûre passe pour mortelle, désolent ce pays. Nous échappâmes à ce danger, grâce à la précaution qu'on avait eue de nous dresser des tentes hors de la ville, si l'on peut donner le nom de ville à un ramas de misérables huttes habitées par quelques mendiants rongés de vermine. On raconte cependant que ces punaises ne piquent que les étrangers, ce qui me paraît assez fort.

Un voyageur que je rencontrai à mon retour, non loin de Miana, et qui fit route avec moi pendant quelque temps, ôta son bonnet pour me montrer sa tête rasée, qui était toute labourée de profondes crevasses. C'étaient des morsures de ces affreuses bêtes, qui lui avaient donné une fièvre chaude, si j'ai bonne mémoire. Aussi, j'évitai de coucher à Miana. Il est vrai que je voyageais en courrier, et que j'avais grande impatience d'arriver au terme de ma course.

A peine installés, le soir, les sons d'une musique barbare qui nous arrivaient de la tente du mihmandar, officier chargé d'escorter les voyageurs et de veiller à leurs besoins, nous engagèrent à nous diriger vers sa demeure. Yahia-Khan (tel était son nom), ci-devant grand écuyer d'Abbas-Mirza, alors défunt, et son fils Farrough-Khan, assis dans leurs robes de gala en cachemire, contemplaient gravement une danse fort étrange, accompagnée d'une musique aussi lugubre que discordante. Les danseurs étaient deux garçons de douze à treize ans, travestis en femmes, portant de grandes jupes et les cheveux longs; leurs mains étaient armées de castagnettes de cuivre, et leur danse lente et grave devenait par intervalles incroyablement rapide et sauvage. Quelques lanternes en papier, suspendues aux arbres ou tenues par des domestiques, et deux chandelles placées à terre éclairaient mesquinement cette fête nocturne.

Le mihmandar se leva à notre vue, nous invitant à nous asseoir. C'était dans une tente, dont un côté avait été relevé. Cette tente était dressée, comme les nôtres, dans un assez vaste enclos carré, bordé de murailles, et que l'on nous disait être un jardin royal. Il l'avait peut-être été ; mais lors de notre présence on ne pouvait plus lui donner aucun nom, et la désolation y régnait. La danse, un instant interrompue, recommença d'abord par de grands saluts de la part des jeunes danseurs. Prenant ensuite un air inspiré, ils s'évertuèrent, au bruit d'une musique tour à tour lamentable et déchirante, à tourner lentement en rejetant la tête en arrière [1] pour faire flotter leurs cheveux, et en élevant leurs bras en l'air pour développer leur taille, se baissant quelquefois pour faire résonner leurs clochettes près du sol, ou les approchant de leur oreille et paraissant en écouter le son avec une grande attention. Par moments, ces malheureux enfants accompagnaient leur danse d'un chant plaintif et mo-

[1] Planche n° 7.

notone; puis, tout à coup et sans transition, se mettaient à bondir en secouant la tête comme avec rage et à pousser des cris de détresse, leurs longs cheveux et leurs robes volant en désordre, tandis que les instruments redoublaient d'énergie. L'amour et la douleur, tel me parut être le thème choisi par ces chorégraphes en plein vent. Tous les Persans et le mihmandar lui-même, homme d'ordinaire gai et pétulant, contemplaient d'un air recueilli et profondément rêveur ce spectacle singulier et presque repoussant.

Nous ne résistâmes pas longtemps à son pénible effet sur des sens européens, et ne nous jugeant d'ailleurs pas à notre place au milieu de cette espèce d'orgie barbare, nous nous retirâmes discrètement, le docteur et moi, chacun dans notre tente, pour nous coucher; mais les sons discordants de la musique persane, les clochettes de cuivre et le chant plaintif des enfants qui paraissaient pleurer sur leur sort, continuèrent longtemps à entretenir en nous une vague mélancolie.

Dans cette triste nuit, peu disposé que j'étais au sommeil, la Perse se montrait à moi telle qu'elle est en réalité et non telle que je l'avais rêvée dans mon enfance. Ce n'étaient plus ces jardins embaumés de roses aux fontaines bruissantes, où, dans les mystères du feuillage erraient des femmes telles qu'en voit seule l'imagination. Toutes mes brillantes fictions avaient disparu. La terre aride et ravagée à perte de vue semblait couverte d'un linceul de lave. Ces chants lamentables qui me poursuivaient devenaient les cris de souffrance de ce pays voué au malheur.

Après avoir franchi le Caphlancou, chaîne de montagnes qui termine l'Aderbaïdjan, nous entrâmes dans l'Irac, ou plutôt Aragh, province plus stérile encore, s'il est possible, que celle que nous avions déjà traversée. Un caravansérai nous abrita pour la nuit. C'était un édifice en pierre de taille, mais en ruines, où nous fûmes introduits par une grande porte en ogive, donnant sur une cour. — A l'extrémité d'un sombre escalier tournant, était une terrasse sur laquelle s'ouvraient quelques portes à rideaux bariolés. Ayant visité l'affreux logement qu'on m'avait préparé, je ne pus m'empêcher d'en témoigner mon mécontentement au mihmandar, dont, peu de jours auparavant, j'avais stimulé le zèle par des présents convenables, tels qu'une montre d'or et quelques aunes de drap bleu et brun, que ce dignitaire et son fils ne manquèrent pas de trouver de qualité inférieure et indignes d'eux, selon l'usage des gens de ce pays qui sont bien nés et qui se respectent; — ce qui n'empêcha qu'ils ne s'en fissent des habits superbes. Ils m'offrirent alors un des appartements de la terrasse; mais le chef du caravansérai, vieillard à figure rébarbative, tenta de s'y opposer en alléguant qu'on avait rassemblé, pour nous faire place, les jeunes filles de cinq différentes maisons dans un réduit voisin de cet appartement, et que les convenances exigeaient qu'il fût occupé par l'envoyé, attendu qu'il était marié. Toutefois, comme M. et madame Du Hamel avaient préféré s'établir sous des tentes qu'ils avaient fait dresser hors du caravansérai, dans une espèce de jardin potager, j'insistai pour prendre possession de ce gîte, et les domestiques y transportèrent enfin mes effets.

Me croyant en possession paisible de ce logis, j'avais allumé une bougie pour lire avant de me coucher, lorsqu'à ma grande surprise, je vis que le mur humide, près duquel je venais de m'asseoir, avait l'air de remuer! L'illusion ne fut pas longue: c'était une masse innombrable d'insectes des plus repoussants qu'on puisse imaginer. Saisi d'horreur, je fus un moment cloué à ma place. Mais bientôt, surmontant cette stupeur, je m'enfuis à tâtons par des escaliers sombres et semblables à des précipices, heurtant du pied les gens qui y dormaient étendus, et poursuivi par les aboiements des chiens qui gardaient mes voisines.

Au point du jour, le mihmandar accourut s'informer de ce qui avait causé mes alarmes; le maître du caravansérai, lui aussi, vint m'affirmer que la chambre dont je me plaignais était excellente, et que Schah-Abbas en personne y avait couché plusieurs fois. C'était une autorité, sans doute; mais elle ne me persuada pas, et quoique les villages dans lesquels nous passâmes les deux nuits suivantes fussent bien misérables, je m'y trouvai fort agréablement en comparaison.

Semblables aux chaumières de la petite Russie, les maisons de ces villages sont bâties de terre glaise, ou même simplement de boue, pour m'exprimer plus franchement. Les malheureux paysans qui les habitent paraissent dociles, serviables et assez intelligents; et, malgré la pauvreté du pays, le mihmandar parvenait toujours à nous procurer en abondance tout ce qu'on peut raisonnablement désirer loin des villes : du lait, du pain, des melons d'eau, des grenades, du raisin, et même quelque peu de vin.

Ce ne fut pas néanmoins sans une certaine série de fatigues et de mauvais gîtes que nous arrivâmes à Zendjan.

Depuis le lac Sévan, dont j'ai parlé précédemment, et où finit la vallée de Dilidjan, l'aridité de ce pays est presque inimaginable [1]. Mais aussi pourquoi, malgré tant de livres et de personnes qui m'avaient prévenu, avais-je toujours persisté à me faire de la Perse un paradis sur terre ? et même pourquoi, le voile tombé, me restait-il encore des doutes sur des merveilles cachées ? Erivan, Nakhitschevan, Miana, Tauris, ou plutôt Tabris, sont réellement frappés de stérilité ; montagnes et vallées offrent uniformément la teinte brûlée et cendrée qu'on retrouve près du cratère des volcans; toute cette immense contrée semble porter le poids d'une malédiction divine.

Zendjan est une petite ville à l'aspect grisâtre et sale, comme celles que j'avais déja visitées; elle me pa-

[1] Planche n° 8.

rut cependant assez florissante. Je parcourus d'abord à cheval une partie du bazar; puis on me fit visiter les ruines d'un ancien palais, en passant par différentes portes qui devenaient de plus en plus étroites et basses. Je dus enfin mettre pied à terre pour ne pas me cogner la tête, et l'on me fit traverser un jardin rempli de domestiques, où je vis plusieurs bâtiments irrégulièrement dispersés. Le moins délabré d'entre eux, aujourd'hui l'une des maisons du gouverneur de Zendjan, était naguère une habitation royale. J'y montai par un mauvais escalier tournant, et me vis, à ma grande surprise, introduit tout à coup dans un appartement d'une magnificence inouïe.

Le kaléïdoscope peut seul donner une idée des formes et des couleurs qui s'offrirent à mes regards. Des espèces de loges, ouvertes et soutenues par des colonnettes en cristaux, s'élevaient autour de cette habitation. On voyait fixés dans les murs et au plafond des myriades de miroirs à facettes, entremêlés de dorures étincelantes et de brillantes peintures représentant des fleurs, des chasses, des combats et une foule de sujets gracieux.

Un vaste bassin rempli d'eau occupait le milieu de

cet élégant édifice, dont la forme était octogone, et tout à l'entour étaient disposés, à la façon des loges de théâtre, des appartements simples occupés par les domestiques. C'était au rez-de-chaussée. Mais, au premier étage, toutes les chambres, distinguées chacune par une décoration particulière rivalisant d'élégance, étaient séparées les unes des autres par des portes en glace et des portières en drap d'or.

Jamais l'hospitalité ne fut exercée d'une manière plus délicate et plus grandiose que celle qui me fut offerte par le hakem ou gouverneur de Zendjan. Les tapis furent couverts d'une profusion fabuleuse de fruits et de bonbons. On m'apporta un superbe calian en or, et le hakem vint se placer devant moi sans mot dire, trop poli apparemment pour me parler un langage que je ne connaissais pas. En effet, force me fut, bien à regret, de rester muet devant tant de prévenances, car des deux langues dont l'usage est général dans ces contrées, le tatare m'était presque inconnu, et le pharsi me l'était entièrement.

Le hakem donna l'ordre à voix basse qu'on me servît du café, du pilaw, du tschâ, ce qui veut dire thé, et du tschurek murek, tschurek voulant dire pain, et murek n'étant qu'une particule sans signification qui s'ajoute en tatare pour l'effet. C'est le génie de la langue, et il ajouta même toough-moough, le premier de ces deux mots désignant le poulet, et le second rien. Enfin, il ne se retira qu'après m'avoir installé dans un des ravissants réduits latéraux, dont on tira soigneusement le rideau blanc. Je m'empressai de le rouvrir pour ne pas être privé de la vue du bassin qui rafraîchissait l'étage inférieur, et de l'aspect féerique de l'appartement où le soleil se jouait dans mille glaces en stalactites, à travers la dentelle des vitraux de couleur et sur les peintures les plus singulières. Tout le monde s'occupait de moi, mais avec un calme apparent et une réserve extrême. Outre un déjeuner splendide, on m'apporta un *mangal* (brasier), une chandelle de suif qui me parut bien vulgaire pour cette demeure chatoyante; puis les objets nécessaires à la toilette dans les idées du pays, un morceau de savon détestable, du *henné* et du *rang* pour teindre les cheveux, la barbe, les mains et les pieds. Ainsi réconforté et paré, j'allai me promener au bazar [1] suivi de quatre ferraschs, dont je dus mo-

[1] Planche n° 9.

dérer le zèle, car ils accablaient de coups de bâton et de coups de pied les individus assez mal avisés pour se trouver sur notre passage. Tel est, au reste, l'usage de ces contrées. Peu de jours avant notre arrivée, un pauvre petit mendiant avait été indignement lapidé par les ferraschs pour avoir osé tendre la main à quelque passant de distinction. On écartait de ma route même les vieillards, en les traînant par la barbe, ou en leur appliquant de violents coups de poing sur le visage ; car il faut à toute force, dans ce pays, que le passage d'un gentleman, nadjîb-adam, fasse événement et soit signalé par des coups : c'est le seul moyen de témoigner du respect qu'il inspire. S'il en est ainsi de la dignité des malheureux humains, je n'ai pas besoin de dire que les ânes et les chameaux, assez malencontreux pour faire obstacle à ma promenade, furent bâtonnés à outrance. J'étais, en vérité, tout étourdi de ce fracas et de cette grêle de coups dont j'étais la cause innocente. Si, plus tard, je n'ai point endurci mon cœur à ces usages barbares, ce n'est pas faute d'avoir été sermonné par les anciens résidents de ce pays sur leur nécessité pour soutenir *l'importance* européenne.

Le dîner fut remarquable par la profusion des *pilaws* de toute espèce, des ragoûts, des poissons, des rôtis et des *yoghourts* ou lait caillé. Sorbets, confitures, compotes, grenades et melons délicieux, rien ne fut épargné. De nombreux et immenses plateaux furent introduits par la fenêtre, la porte n'étant pas assez large pour leur livrer passage. Les fenêtres en Perse sont, pour le moins, quatre fois larges comme les nôtres, et les portes la moitié plus étroites et plus basses. Les tapis étaient littéralement encombrés, et ce n'était pas sans peine qu'on pouvait se frayer un passage à travers cette avalanche gastronomique, que l'hospitalité persane verse sous les pas des voyageurs qui ont l'heureuse chance de visiter Zendjan.

J'ai un ancien ami en Russie, un négociant persan, Hadji Mohammed [1], vieillard respectable, qui, pendant les effets de ses pilules d'opium, *ofion*, comme il l'appelait, m'avait, entre mille choses, longuement vanté Zendjan. Et en cela il avait dit vrai. Quant au reste des récits merveilleux dont il ne cessait de me charmer pendant de longues soirées que je restais

[1] Planche n° 10.

ébahi à écouter son langage fleuri, ils se trouvèrent tous être enfants de son imagination. Ayant quitté la Perse dans sa première jeunesse, depuis une trentaine d'années, et se proposant toujours d'y retourner, elle avait pris chaque jour un aspect plus séduisant à ses yeux, par cette vertu magique du désir qui embellit tout.

La nuit venue et mon rideau ouvert, je jouis tout à mon aise d'un coup d'œil véritablement féerique. Dans la loge en face de la mienne demeurait le docteur Capher, environné, comme moi, de tout le luxe oriental ; et la lumière de sa modeste chandelle, réflétée par des milliers de miroirs en prisme, faisait au loin étinceler les dorures et éclairait confusément les peintures bizarres des murs et des plafonds. Mais j'aurais beau entasser les descriptions, je ne donnerais qu'une idée imparfaite de ce séjour digne de la princesse Lalla Rookh. Pour tout dire en un mot, je doute que son jeune amant Feramorze l'ait reçue dans un meilleur appartement à Bokhara.

Nous allions nous mettre au lit lorsqu'on vint nous offrir d'aller au bain, faveur dont les Persans sont très-avares envers les chrétiens. Nous remerciâmes à cause de l'heure avancée, et nous préférâmes le repos, devant le lendemain être en route de grand matin. Enfin cette belle journée orientale était à son terme. Nous nous endormîmes sur les somptueux tapis du Khorassan, au bruit de l'eau jaillissante de la fontaine et du vent qui sifflait à travers les petits vitraux mal joints de nos fenêtres, et les faisait trembler. Ce cliquetis, particulier aux appartements persans, devient assez familier, par l'habitude, pour que le sommeil n'en soit point interrompu.

Le premier village où nous nous arrêtâmes en quittant Zendjan est nommé, si je ne me trompe, Khourroumdéré. Deux femmes vinrent au-devant de nous, portant des raisins et des *nars* (grenades). J'essayai d'ouvrir leurs voiles, et je fus très-touché de voir qu'elles se prêtaient à mon désir avec humilité et complaisance. Je glissai quelques pièces d'argent dans leurs alkhalokhs, et elles me témoignèrent leur satisfaction en baissant les yeux et en souriant avec grâce. Je vis qu'elles étaient très-flattées de cette politesse. Quel charme n'y a-t-il pas dans cette candeur humble des femmes de l'Orient !

Depuis Zendjan, les villages sont moins clair-semés et moins misérables ; les arbres sont aussi plus nombreux, quoiqu'en général chétifs et rabougris. Quant aux fruits, leur abondance est incroyable, ce qui n'empêche pourtant pas les Persans de les aimer avec passion.

Pauvres Persans, ils ont si peu de jouissances dans leur malheureux pays ! Dévorés d'envie, ils passent leur existence à se disputer les uns aux autres le peu de plaisir qu'ils ont. Ils vivent dans une défiance continuelle, car leurs passions non assouvies les portent à la violence ou à l'astuce, selon leur force ou leur faiblesse. Qui dirait en voyant ces hommes, à l'air si noble et par fois si vénérable, aux manières si grâcieuses, à la parole si engageante, que les premiers éléments de leur éducation ont été le mensonge et la trahison !

Mais les femmes [1] ? Quelle grâce dans leur démarche cavalière, lorsque le frêle plancher craque sous leurs pieds teints de henné. Que leur taille est cambrée et bien prise dans leurs justaucorps si serrés,

[1] Planche n° 11.

contrastant avec leur pantalon, plus ample qu'une jupe ! Quelle masse de cheveux d'ébène encadre leur charmant visage, et tombe sur leur sein basané que recouvre mal une gaze indiscrète ! Quelles paroles de miel sortent de leur bouche délicieuse ! Car la langue persane est la plus séduisante du monde, et nulle part on ne voit des lèvres et des dents plus fraîches. Mais si l'on veut bien se figurer les charmes de ces enchanteresses, ce sont les *Mille et une Nuits* qu'il faut consulter. Les vers qui s'y trouvent intercalés en grande nombre dans les récits, dépeignent avec une naïveté frappante les appas des Orientales. Cette naïveté a été parfaitement conservée dans les Cinquante Nuits qu'a traduites M. Torrens, Irlandais fort distingué, qui occupait un grand poste dans l'Inde lorsque j'eus l'avantage de faire connaissance avec lui à Calcutta. En voici quelques échantillons, avec la traduction à la suite :

« ...Then rose she like the full moon when it shines brightest. And they displayed her in the second bridal dress, and she was as the masters of sublime conceptions said of her ; —

" She came apparelled in a vest of blue,
That mocked the skies, and shamed their azure hue :
I thought thus clad she burst upon my sight,
Like summer moonshine on a wintry night. "

» Then altered they that suit for a suit other than it, and veiled her in the luxuriance of her hair, and drew across her face her forelocks, dark and long; and their blackness, and their length made one despise the thickest murkiness of darkest nights, and she shot through all hearts with the darts of her bewitching eye. And they displayed her in the third bridal dress, as said of her he that spoke the verse ; —

" Her cheek concealed,
But half revealed
Beneath the coal black hair.....
" Is't thus' said I,
" The morning sky
In night thou seeks't to shroud ?
" Nay', she replied,
I do but hide
The moon behind a cloud. "

» Then displayed they her in the fourth bridal dress, and she came forward like the rising sun, and walked swimmingly with captivating grace, and moved with supple ease like the fawns of the antelope, and smote all hearts with arrows from the corner of her eyelids, as the describer of her graces said of her in verse; —

" ..... Shame decked those charms with modest grace
To which art gave a zest.
And e'en the golden orb of day
Curtained by clouds hath hid away,
E'er since he saw the sunny ray
In which her face is dressed. "

» And she came up in the fifth bridal dress, even like the girl that is our dearest friend ; she was like a rod of the benzoin tree, or an antelope of the thirsty desert, and she let down her snaky locks, and called up her wondrous powers to charm, and made her figure quiver as she went, as was said of her, and as one described her in verse ; —

" Below her hip hang down her swart thick locks :
But ah ! beware the serpent when thou gazest
Upon those snake-like tresses :
For kindness hath she wholly put away,
And'neath her seeming softness lies a heart
More hard than granite boulders.
From the fringed curtain of her half closed eye
She speeds the dart that hits, aud misses not,
E'en though it were far distant.

So! when embracing her I seek to circle
My hand about her neck, her bust repels me
Firm in its rich redundance. "

Alors elle se leva, pareille à la pleine lune lorsqu'elle luit le plus brillamment... Et on la fit voir dans le second habit de noce, et elle était comme l'ont dit d'elle les maîtres des conceptions sublimes :

« Elle arriva vêtue d'un ajustement bleu
A faire envie au ciel dont il pâlissait l'azur :
Ainsi parée, elle resplendit à ma vue
Comme un clair de lune d'été par une nuit d'hiver. »

Alors on changea cet ajustement contre un ajustement autre que celui-là, et on la voila de sa luxuriante chevelure, et on ramena sur sa face ses boucles de devant, brunes et longues ; et leur noirceur, et leur longueur faisaient mépriser les plus épaisses ténèbres des plus sombres nuits, et elle transperçait tous les cœurs des dards de son œil ensorcelant. Et on la fit voir dans le troisième habit de noce, comme a dit d'elle celui qui a récité ces vers :

« Sa joue cachée,
Mais à demi révélée

Sous sa chevelure de charbon,

. . . .

— Est-ce ainsi, dis-je,
Que tu cherches à ensevelir dans la nuit
Le ciel du matin ?
— Non, répondit-elle,
Je ne fais que cacher
La lune derrière un nuage. »

Alors on la fit voir dans le quatrième habit de noce, et elle s'avança comme le soleil levant, et elle marchait d'un pas ondoyant avec une grâce séduisante, et elle se mouvait avec une souple aisance comme les faons de la gazelle, et elle frappait tous les cœurs de flèches qui partaient du coin de ses paupières, comme l'a dit d'elle en vers le descripteur de ses grâces :

« La pudeur parait ces charmes d'une grâce modeste
A laquelle l'art donnait du zest.
Et même le disque d'or du jour
S'est dérobé sous un rideau de nuages,
Depuis qu'il a vu le radieux soleil
Dont sa face est illuminée. »

Et elle arriva dans le cinquième habit de noce, semblable à la fille même qui est notre plus chère amie ; elle était semblable à une baguette de l'arbre benjoin, ou à une gazelle du désert altéré, et elle laissait tomber ses boucles serpentantes, et elle évoqua ses merveilleux moyens de plaire, et elle fit vibrer sa taille en marchant, ainsi qu'il a été dit d'elle, et comme quelqu'un l'a décrite en vers :

« Plus bas que ses hanches tombent ses épais cheveux noirs;
Mais oh! craignez le serpent quand vous regardez
Ces cheveux qui rampent jusqu'à terre;
Car elle a mis de côté toute merci,
Et sous sa douceur apparente est un cœur
Plus dur que le granit.
De la courtine frangée de son œil demi-clos,
Elle lance le dard qui touche et ne manque jamais le but,
Si distant qu'il soit.
Ainsi, lorsqu'en l'embrassant, ma main cherche
A enlacer son col, son buste me repousse
Ferme dans sa riche uberté. »

Ainsi sont les Persanes... mais je vais continuer mon voyage.

Pendant trois jours, à compter de ce moment, je fus dans l'impossibilité de prendre des notes; c'est dans cet intervalle que je visitai Cazbine, ou plutôt Gazbine; mais j'étais alors sous l'influence d'une indisposition décourageante et d'un profond ennui, effet naturel d'un voyage aussi long et aussi monotone.

Gazbine, cette ville si célèbre en Perse, dont on vante la position et l'étendue, qu'on compare à Hérat, qu'on préfère à Téhéran, et dans laquelle enfin il avait été question de transférer le siége du gouvernement, Gazbine me parut tout à fait indigne de sa haute renommée. Je n'y vis qu'une misère ignoble, qu'un site dénué de pittoresque, rien enfin de ce qu'il faudrait pour ranimer l'imagination fatiguée du voyageur.

Le gouverneur, le beghlerbeghi Tahmass-Kouli-khan, vint au-devant de nous à cheval, son calian à la main, suivi d'une procession de domestiques en guenilles sur des rosses. A travers des passages couverts, des portes de diverses dimensions, et des débris de murailles en terre glaise, il nous conduisit devant une maison delabrée, abandonnée depuis Nadir-Schah. L'envoyé ayant refusé de s'y loger, et ayant fait dresser des tentes dans la cour, je m'établis seul dans cette solitude, au milieu de fragments innombrables de vitraux de couleur et de peintures encore assez fraîches, représentant des héros persans, des houris, etc.

Je me rendis bientôt au bazar [1], qui n'était pas riche en curiosités ; puis au bain de Bahram-Mirza, lieutenant du schah à Gazbine. Ce bain est vaste, mais l'eau y est de mauvaise qualité, comme dans presque tous les bains persans que j'ai eu occasion de fréquenter.

Le jour suivant, nous reprîmes notre régime nomade, allant d'un village à l'autre, passant nos journées à cheval, toujours entourés d'une troupe d'indigènes. La conversation ne tarissait pas; car les Persans ne cessaient de faire assaut d'esprit autour de nous, selon leur habitude, et je faisais tous mes efforts pour comprendre leur langage harmonieux et fleuri. Je dois rendre justice ici à madame Duhamel, femme de notre envoyé, qui nous fit honte à tous, car elle fut la première qui saisit les fils mystérieux de l'irani, — cette langue si différente de toutes les autres langues que nous connaissons, tant européennes qu'asiatiques, — le génie de ses phrases compliquées, son harmonie sonore et le chant gracieux de ses termi-

[1] Planche nº 12.

naisons prolongées. Quant au turc de l'Aderbaïdjan, elle le parlait déjà facilement, et j'en savais un peu aussi. Pour ce qui concerne M. Duhamel, il parlait fort bien le turc de Constantinople, l'osmanly. Le soir, nous nous reposions, assis à terre et le calian à la main, dans les chaumières des paysans.

Nous visitâmes Soultanièh, séjour d'été du défunt Fet-Ali-Schah, et nous demeurâmes une partie de la journée et de la nuit dans son palais. Nous fûmes installés dans une chambre sans portes ni fenêtres, que notre mihmandar, en veine de conscience, parvint cependant à rendre à peu près habitable. Je crus devoir récompenser cette boutade de zèle, en lui faisant présent d'un morceau de drap bleu de ciel, et d'un autre, couleur évêque, pour son fils. Les deux présents furent accueillis sans le moindre signe de reconnaissance, ce qui paraît décidément être une politesse du pays.

Sur le mur de l'une des salles du palais de Soultanièh, on voit les portraits des fils de Fet-Ali-Schah, et celui de ce prince lui-même, représenté presque de grandeur naturelle, en costume de chasse, mais avec toutes ses pierreries et couronne en tête, et monté sur uu cheval dont la crinière, la queue, les jambes, le poitrail et le ventre sont peints en rouge. C'est une distinction royale. Une quantité innombrable de lions, de tigres, de daims, de cerfs tombent sous ses coups ; son cheval est lancé à toute bride : tableau qui, du reste, paraît avoir plu à celui qui en est le héros, car je le revis plus tard dans presque tous les palais de la Perse.

Je ne dois point oublier, en fait de curiosités locales, une ruine fort remarquable, située dans les environs de Soultanièh. C'est une gigantesque et magnifique mosquée construite en briques bleues et blanches lustrées. Cet édifice est attribué au schah Khoudavenda, qui régnait il y a quelque six cents ans.

Le 7 octobre, nous visitions les ruines de Soultanièh même, et, entre autres encore, un palais de plaisance de Fet-Ali-Schah. Deux des murs de la salle d'audience, divan-khanèh, sont en verres de couleur, usage assez ordinaire dans les constructions persanes ; les deux autres sont revêtus de peintures représentant des personnages de la famille royale, entre autres le portrait, repoussant de laideur, du roi eunuque, Aga-Mohammed-Khan, oncle et prédécesseur de Fet-Ali Schah, et celui de ce dernier avec ses enfants. L'usurpateur Aga-Mohammed-Khan, qui, si je ne me trompe, n'a jamais pris le titre de schah, fut un monstre de cruauté. Jamais homme, dit-on, ne fut dévoré de passions plus terribles ; elles lui faisaient commettre sans cesse des actes d'une infamie telle, que les récits en font frémir d'horreur et qu'on ose à peine y croire. Dans le portrait, son air de reptile immonde constraste d'une manière frappante avec sa parure royale.

Des glaces entremêlées de peintures et de dorures forment le plafond de la salle ; les escaliers sont en briques vertes. Le même palais renferme un bain délicieux, et l'une de ses curiosités les plus remarquables consiste en une tour qui s'elève à côté de la salle d'audience. De là le regard embrasse toute la contrée, et je ne puis dire qu'il en soit réjoui, car de toutes parts c'est la même aridité grise et monotone.

Lorsque nous fûmes arrivés presque au but de notre voyage, nous fîmes notre dernière halte dans un village qu'on appelle Kent. *Kent* est le mot turc pour village. Ce lieu, rapproché de la capitale, était le plus pittoresque que nous eussions traversé. Situé au milieu des montagnes, entouré d'arbres à puissante végétation, et sillonné de canaux d'irrigation, où coule une eau limpide, le village de Kent compte de nombreux habitants. Le mouvement de ses rues et l'air d'animation qui annonce l'approche d'une grande ville, contrastent singulièrement avec la morne solitude des lieux que j'ai essayé de décrire.

Le 8 novembre, de grand matin, nous nous mîmes en marche pour Téhéran, et nous n'étions pas sans quelque émotion de nous trouver tout près du but désiré de notre voyage. Déjà la ville nous apparaissait. Nous commencions à distinguer les premières maisons de Téhéran à travers les vapeurs matinales, lorsque nous vîmes s'avancer rapidement vers nous un nombreux cortége [1], qui escortait deux magnifiques étalons dont la splendide crinière et la queue flottante étaient peintes de couleur de feu. Ces nobles animaux étaient

[1] Planche n° 13.

tout resplendissants d'or et de cachemires. Nous n'étions pas encore revenus de notre surprise et de notre admiration, que nous étions déjà séparés de nos montures et placés sur les deux chevaux d'apparat, M. Duhamel et moi. Ce fut seulement alors qu'on nous expliqua que ces chevaux étaient un présent de S. M. Mohammed-Schah ; — générosité peu coûteuse, du reste; présents à la mode persane, et qu'on ne manque pas de reprendre, lorsque l'effet de la munificence royale a été suffisamment apprécié.

Cependant nous étions étourdis de cris bruyants et de félicitations, exprimées par l'exclamation *moubarek*, que la foule poussait incessamment à nos côtés. Etonnés eux-mêmes de tout ce fracas, nos robustes coursiers s'élancèrent au galop et nous emportèrent vers *le centre du monde*, où nous fîmes notre entrée au milieu d'un tonnerre de grosses caisses et au son éclatant des trompettes des troupes régulières du schah.

TÉHÉRAN

TÉHÉRAN.

Après trois mois de séjour à Téhéran, j'étais fatigué de cette ville et de toute la Perse. La vie y est d'une monotonie effrayante. Privé de la société des femmes, de toutes les distractions des villes d'Europe, l'étranger ne sait comment y employer ses journées.

Dans le quartier appelé Gazbine-Dervazé, moyennant six toumans par mois, — le touman vaut un ducat russe et 80 kopeks, c'est-à-dire 12 francs 50 centimes, — j'avais loué une des plus jolies habitations qu'on puisse trouver dans cette ville. A la vérité, l'air y circulait presque aussi librement que dans la rue; mais le temps était si doux et si beau, que c'était à peine un inconvénient.

La maison se composait de deux étages de plusieurs pièces, chacun avec deux terrasses. Celles d'en haut dominaient la ville [1], qui, malgré son aspect fastidieux, n'est pas dépourvue d'animation. Deux rangs de fenêtres, celles du bas garnies seulement de volets en bois, et celles du haut ornées de vitraux de couleur, éclairaient la pièce principale, dont les murs étaient blancs comme la neige. Je profitai des niches qui s'y trouvaient pour y placer deux armures persanes à peu près complètes, que je m'étais procurées avec des peines inimaginables ; car on ne saurait se figurer les longues et ennuyeuses difficultés qui entravent ici toute espèce de transaction. Pour la moindre acquisition, on vous parle de cent toumans comme en Russie de cent roubles. L'exactitude est d'ailleurs une vertu inconnue aux Persans ; et cela seul suffirait pour rendre le pays odieux aux étrangers. Si vous accusez un marchand de mauvaise foi, il vous répond gravement *que son cerveau a brûlé de chagrin.* Enfin, le mensonge est tellement enraciné dans les habitudes des Persans de cette classe, — et je pourrais ajouter de

[1] Planche nº 14.

toutes les autres, — que s'il leur arrive, par hasard, de tenir parole, ils ne manquent pas de réclamer une récompense, comme s'ils avaient fait la chose la plus rare et la plus méritoire.

J'eus l'occasion de visiter avec le comte Simonitsch le Trésor royal. Je ne décrirai point toutes les richesses dont ce trésor se compose; je me bornerai à citer les objets précieux qui attirèrent le plus particulièrement mon attention, c'est-à-dire le fameux diamant connu sous le nom *d'Océan de lumière*, Dariénour, que le schah porte au bras gauche dans les grandes solennités; une robe de soie jaune presque entièrement cousue en pavés de perles grosses comme des petits pois, que je reconnus pour le même vêtement dont est paré Fet-Ali-Schah sur un portrait de grandeur plus que naturelle que je possède en Russie, et qui est peint par un artiste de Téhéran. L'école de peinture persane est fort originale, et l'on ne peut s'y méprendre. J'en ai approfondi l'étude jusqu'à distinguer celle de Téhéran de celle d'Ispahan, qui est supérieure, comme à peu près tout ce qu'on y fait. A côté de cette ancienne et longue robe royale était, dans la même armoire sous verre, l'uniforme de parade du roi actuel Mohammed-Schah, imitation du costume militaire européen, fait de drap bleu, enrichi de diamants au collet et aux parements, avec des boutons en rubis et des épaulettes formées par d'énormes émeraudes auxquelles sont appendues des franges de grosses perles. Nous ne vîmes ni le calian de cérémonie ni la couronne; on nous dit que ces objets se conservaient au harem.

Après avoir passé en revue toutes les choses rares, mais assez mal assorties, que contenait ce trésor, nous nous rendîmes chez le second fils du roi, — l'aîné était à Tauris, — auquel le comte Simonitsch allait faire sa visite d'adieu. Nous trouvâmes le petit prince dans la salle d'audience, assis à terre sur un cachemire, et adossé à de gros traversins couverts de mousseline rose. C'était un petit garçon de quatre à cinq ans, frêle et maladif, d'une physionomie insignifiante, le visage pâle, les traits peu accentués, un peu aplatis, et les cheveux roux, c'est-à-dire peints en rouge foncé. Il était vêtu d'un caftan en châle doublé de fourrure, et portait sur son petit bonnet noir une aigrette en diamants. Nous nous assîmes sur le tapis en face de lui. Mirza-Massoud, ministre des affaires étrangères, et deux ou trois autres dignitaires présents à cette entrevue, restèrent debout. « *Démàhi schoumà tschôgh est ?* » c'est-à-dire : « Votre cerveau est-il sain? lui demanda le comte Simonitsch.

Le royal enfant ne répondit point, et M. Simonitsch l'interrogea alors sur ce qu'il faisait. « Je n'en sais rien, » dit le petit prince. Voyant qu'il n'était pas en humeur de causer, nous nous disposions à nous retirer, quand la langue d'Abbas-Mirza-Naïbi-Saltana se déliant tout à coup, il nous demanda avec vivacité si nous avions envie de monter à cheval, ce qu'il se proposait de faire lui-même. En effet, un cheval sellé l'attendait dans la cour près de son appartement. Nous répondîmes affirmativement et nous nous retirâmes.

L'aîné des fils de Mohammed-Schah, n'a que trois ans de plus que son frère. Il porte le titre de *Vali-Ahd*, c'est-à-dire héritier. Son visage plus caractérisé accuse plus d'intelligence. Ses larges sourcils chargés de surmé, de même que les cils de ses longs yeux, et ses cheveux, que ses tantes et ses cousines teignent selon leur caprice du rouge grenat au violet, sont très-épais, et très-noirs à ce qu'on me dit. Lorsque je lui fus présenté à Tauris, il était assis dans un fauteuil, les pieds appuyés sur un tabouret et vêtu d'un khalat à fond jaune serin, beaucoup trop grand pour lui, mais d'un dessin magnifique. A son cou et sur sa tête étincelaient des présents de l'empereur de Russie.

A la demande de la reine-mère, j'eus l'honneur de faire, d'après nature, le portrait de ce jeune prince[1] en habit de gala, et j'en fis trois copies finies à l'aquarelle avec or, l'une pour la reine-mère, l'autre pour Mohammed-Schah, le père, et la troisième pour moi. Afin de me conformer au goût de la cour de Perse, je fus dans le cas de modifier ma manière habituelle en ajoutant des couleurs plus vives et des détails plus fins, dans les dessins que je fis. Ils me valurent de grandes politesses, des attentions délicates et même des présents généreux.

Peu de jours après mon arrivée à Téhéran je fus présenté à Hadji-Mirza-Agassi, premier ministre du

[1] Planche n° 15.

schah. Introduit par des corridors sombres et étroits et par des portes basses, je pénétrai dans un appartement très simple où je trouvai enfin le ministre. C'était un vieillard fort laid, mais très-élégamment vêtu de robes de châles de toute beauté. Il débuta naturellement par me demander comment était mon cerveau, d'un air assez maussade qui paraissait appartenir à sa nature, comme indiquant que la chose était, au reste, de peu d'importance, et qu'il ne tenait guère à le savoir; et pendant que j'hésitais sur la réponse que je devais faire à cette interpellation dont je n'avais pas encore l'habitude, il entama une dissertation sur la manière de fondre les canons. Ce goût pour les canons n'était, chez le ministre, qu'à l'état de passion malheureuse, car l'arsenal de Téhéran n'en renfermait que trois et quelques fusils cassés ; — ce qui n'avait pas empêché l'ancien envoyé de Perse à Londres d'affirmer au schah que son arsenal était infiniment plus riche que celui de Woolwich. Il est vrai de dire qu'en ce moment même Hadji-Mirza-Agassi s'occupait de faire fondre plusieurs bouches à feu d'un énorme calibre. Il poussait la prédilection pour son cher arsenal, jusqu'à vouloir être enterré dans la fonderie. Ce ministre belliqueux était pourtant derviche. Son origine était tatare [1] Avant d'être premier ministre, il avait été précepteur du schah actuel, qui continuait de lui accorder une grande confiance, quoiqu'il fût, dit-on, de la secte des Soufi, dont les principes de morale sont d'une élasticité peu rassurante.

Téhéran, je l'ai dit, m'avait causé plus d'un désappointement, et je ne tardai pas à regretter la peine que je m'étais donnée pour arriver dans ce centre du monde. Bref, je fus possédé du désir incessant de revoir mon pays, désir bien vivement senti par tous ceux de mes compatriotes qui partagaient mon exil. Les chants nationaux d'un bataillon de soldats russes qui se trouvait à Téhéran, mais sur le point de se mettre en marche pour rentrer en Russie, augmentaient notre mélancolie, nous arrivant quelquefois la nuit des terrasses d'un caravanseraï délabré, — comme tout l'est ici, — qu'occupaient mes sept cents compatriotes.

[1] Planche n° 16.

PREMIÈRE AUDIENCE

PREMIÈRE AUDIENCE.

Le schah avait eu la bonté de me faire dire qu'il désirait que je fisse une esquisse de son auguste personne, et qu'il m'accorderait la faveur d'une séance à cet effet. J'avais longtemps rêvé à une audience du schah, et quoique je perdisse une à une mes illusions sur la Perse, je m'obstinais à espérer quelque chose de curieux et de magnifique [1]; mais je dois à la vérité

[1] Planche n° 17.

de dire que ce ne fut ni l'un ni l'autre [1]. Je me rendis aux ordres du prince, et je fus admis en sa présence, un jour du mois de décembre, dans son palais situé sur la grande place, *méidan*. Il était assis à terre, sur un cachemire, dans le salon des réceptions privées. Mirza-Massoud, son ministre des affaires étrangères et Mirza-Baba, son médecin, se tenaient debout auprès de lui ; car, à l'exception des ambassadeurs, personne n'a le droit de s'asseoir devant le schah.

Au premier abord, la personne de Mohamed-Schah me parut assez commune ; il était gros, ramassé et sans expression ; mais je ne tardai pas à le trouver très-aimable et très-distingué dans ses manières. Il contempla, avec beaucoup d'attention, le portrait de l'empereur dont je lui fis hommage, et ordonna à Mirza-Massoud de le mettre sous verre. Comme je m'excusais de ne pas lui avoir apporté les lithographies de la garde impériale, que j'avais fait venir de Pétersbourg à son intention, sur ce qu'on m'avait dit qu'il les avait déjà, il me répondit qu'il en avait fait présent à son frère Kahraman-Mirza ; et, là-dessus, Mirza-Massoud m'insinua qu'il fallait faire ap-

[1] Planche n° 18.

porter ces dessins. Le schah me demanda alors, sans préambule, au sujet de mon cerveau, ce que contenait le portefeuille que j'avais déposé près de moi.

« Du papier blanc, répondis-je, sur lequel je voudrais faire le portrait de Votre Majesté, si elle daignait s'y prêter. » Il répondit très-gracieusement qu'il était tout prêt, et effectivement il posa en modèle intelligent pendant près de vingt minutes. Mais, avant de commencer, il eut l'extrême obligeance d'ordonner une chaise pour moi, faveur que je déclinai en pliant les genoux à terre, ne profitant de la chaise que pour y déposer des crayons et un canif, et disant très-humblement que l'honneur de m'asseoir à terre en présence du Kibleï-Alem, le centre de l'univers, était déjà trop grand pour moi. Cette phrase et toutes mes actions parurent convenir au roi ; car, durant toute la séance, il ne cessa de faire mon éloge en turc, aux personnes qui étaient présentes, se doutant probablement que je comprenais un peu ce qu'il disait, ou supposant qu'on me le répéterait. — Le turc est la langue de la cour, les Cadjars, dynastie actuellement régnante, étant de race turque. — A ces éloges, les assistants ne cessaient de répondre, d'un ton très-indifférent : « *béli*, oui, » en faisant de profonds saluts. Plus tard des gens peu bienveillants, ou jaloux de mes succès, ou pour contenir dans de justes bornes ma vanité flattée, m'avertirent que Sa Majesté disait les mêmes choses à toutes les audiences qu'elle donnait aux étrangers.

Avant de me congédier, le roi examina différentes ébauches de hauts personnages persans, faites d'après nature ou de mémoire, qui m'avaient été apportées, entre autres le portrait (de mémoire) de son premier ministre et favori, Hadji-Mirza-Agassi. Elle les reconnut tous, et m'engagea à revenir lui demander séance lorsqu'il me plairait. Je ne tardai pas à profiter de cette gracieuse invitation.

LE BAIRAM

LE BAIRAM.

Le jour du Baïram, qui équivaut chez les musulmans à notre fête de Pâques, nous nous rendîmes au palais pour complimenter le souverain. Après avoir reçu nos félicitations, le schah alla se placer sur un trône de marbre blanc sculpté et doré, vaste estrade entourée de balustres et soutenue par des dives et des péris, dans une salle peu élevée au-dessus du sol, et dont un des côtés, presque entièrement ouvert, comme la scène d'un théâtre, laissait voir une vaste cour où se tenaient les princes du sang, les hauts dignitaires, les mollahs, les khans, les troupes régulières, la musique militaire et les otages afgans. Cette salle du trône est la plus belle salle que j'aie vue en Perse ; et, en fait d'intérieur arabe, l'on ne peut guère trouver nulle part quelque chose de plus élégant ; voilà du moins l'effet qu'elle m'a produit, surtout lorsque, plus tard, je l'examinai en détail et essayai vainement d'en faire un croquis, tant la chose est compliquée. Le plafond, qui est élevé, se compose de plusieurs voûtes des plus gracieuses, mais dont il est difficile de comprendre le plan général, car leurs lignes se perdent sous une infinité de fines peintures tout éclatantes de couleurs et de dorures, représentant des fleurs, des femmes et des cavaliers, et dans de capricieuses stalactites à facettes de cristal, d'or et de diverses couleurs vernies, au milieu desquelles l'œil ébloui s'égare.

Au fond de la salle, derrière le trône, le mur est presque entièrement occupé par une vaste fenêtre en ogive, dont les vitraux, coloriés et découpés en dentelle d'une finesse extrême, forment des fleurs de mille espèces. Les verres sont incrustés dans un encadrement en bois fin et léger comme une toile d'araignée. Les deux murs latéraux, coupés de niches en ogives, sont chargés, comme les voûtes, de peintures et de dorures, que recouvre un vernis luisant. Sur leur base, qui est, comme le trône, en marbre blanc, sont peintes à l'huile des plantes étranges et gracieuses. J'ai dit de marbre, mais il y a une certaine transparence et une finesse dans cette pierre qui pourrait faire supposer que c'est une espèce d'albâtre.

Les portes des murs latéraux et du fond, petites, basses et étroites, sont en mosaïque de divers bois, d'ivoire peint et au naturel, de cuivre, de plomb et de nacre. Le quatrième mur, comme j'ai dit, n'existe pas dans cet appartement. De minces colonnettes en cristal, ou plutôt garnies d'étroites bandes de miroirs, soutiennent le plafond, et un rideau s'y trouve, qui, ce jour-là, était ouvert, et laissait voir la cour, pleine d'un monde paré.

Placé dans une pièce contiguë à la salle du trône, je jouissais du spectacle qu'offrait la cour; mais, à mon grand regret, je ne voyais pas la personne du roi. Je remarquai que ceux des assistants à qui Mohamed-Schah adressait la parole, lui répondaient sans quitter leur place, et en criant de toute leur force. Bientôt un poëte sortit des rangs, et déclama, dans cette belle, originale et harmonieuse langue persane, des vers en l'honneur de son auguste maître.

Pendant presque toute la durée de cette cérémonie,

mes oreilles furent étourdies et mes nerfs impitoyablement déchirés par les sons d'une musique, je dirais inouïe si je ne l'avais beaucoup trop entendue, et dont le bruit s'échappait d'un réduit (espèce de balcon) peu éloigné de la cour où le *sélam* (lever) avait lieu. Là, quelques malheureux musiciens persans soufflaient à outrance dans des trompettes énormes, frappaient à tour de bras sur des timbales et grinçaient de la cornemuse, et cela sans frein, sans mesure, sans aucun ton appréciable : véritable charivari grotesque et barbare. Chaque matin, au lever du soleil, et chaque soir, à son coucher, l'astre resplendissant est salué par le même concert, exécuté à la même place par les mêmes artistes. Ce qui m'étonne, c'est que le schah, qui paraît un homme de goût, puisse supporter une pareille chose, avec cette patience.

DEUXIÈME AUDIENCE

DEUXIÈME AUDIENCE.

Vers la fin de janvier, Mirza-Baba, le médecin du roi, vint me prévenir de la part de Sa Majesté qu'elle était prête à poser de nouveau. Bien que je ne fusse pas tout à fait content de son portrait à l'aquarelle que je venais de terminer, je chargeai le docteur de le présenter.

Deux jours après, il revint, accompagné cette fois de Mirza-Ali, fils du ministre des affaires étrangères, et m'annonça que Sa Majesté désirait que je fisse le portrait de son fils, âgé de quatre ans; mais sans précipitation et en me conformant exactement à la mesure qu'elle avait tracée elle-même, probablement pour utiliser quelque vieux cadre qui se trouvait vide au palais. Le lendemain était le jour indiqué pour la séance. Mirza-Ali me dit en confidence et en français que le schah, ayant trouvé son portrait peu ressemblant, m'attendait le surlendemain pour faire un nouveau croquis de lui ; mais le plaisir qu'aurait dû me faire cette invitation fut un peu gâté par l'inquiétude que me donnait le mauvais succès de mes premières tentatives.

Il avait été convenu que le docteur Mirza-Baba m'accompagnerait chez le fils cadet du schah. Le lendemain donc, je me rendis chez ce médecin, suivi de mes domestiques, comme c'est la coutume; mais, à mon grand étonnement, on les consigna à l'entrée de la cour. J'eus bientôt le mot de l'énigme, en apercevant le docteur entouré de ses femmes, qui étaient fort jeunes et fort jolies, et ne parurent nullement effarouchées; car, tandis que le bon médecin me serrait affectueusement la main, elles se retirèrent lentement de différents côtés, et allèrent se placer sous des portes pour se conformer à l'usage, mais de manière à voir et à être vues.

Les Persanes et surtout les Schiraziennes sont très-basanées, avec des cheveux noirs et touffus, toujours teints de henné ainsi que leurs mains et leurs pieds nus. Elles se tracent autour des yeux, à la racine des cils, une ligne noire ou bleuâtre avec du surmé. Leurs traits ont un cachet particulier qu'il est difficile de décrire, et dans lequel il me paraît que se mêle un peu le type mongol. Ces femmes sont très-bien faites, élancées et pleines de grâce dans leurs mouvements. Elles portent une chemise rouge ou bleue, d'ordinaire en gaze transparente — *pirahén* en persan — un large pantalon — *schalvar* en turc et *zirdjamè* en persan — et une jaquette fort étroite, — *alkhalokh* en persan et *beschmet* en turc, — tenant à peine sur les épaules et collant à la taille et sur les bras, mais laissant la poitrine et l'estomac à découvert. Elles ont les épaules si serrées dans cette veste, qu'elles sont forcées de les tenir en arrière et de se cambrer, ce qui m'a paru ajouter du charme à leur maintien. Leur langage sonore et doux est plein de grâce. L'usage fréquent du calian n'altère pas la fraîcheur de leur bouche. Les Persanes ont les dents d'une extrême blancheur et les lèvres d'un vif incarnat.

Mais je reviens à ma visite chez le médecin. Nous nous assîmes à terre, je remerciai l'aimable docteur du plaisir qu'il venait de me procurer d'entrevoir des dames persanes; mais il ne fit pas semblant de m'entendre et ordonna à deux petits garçons d'apporter le calian et le déjeuner. Le repas, fort modeste, consistait en un plat de riz à l'eau, — *tschelov,* — un ragoût de courges et une soupe de mouton, etc. Après le déjeuner, le docteur tira d'une niche une cuiller en bois artistement travaillée, qu'il me pria d'ajouter à ma collection d'objets persans; puis il appela une jeune fille de petite taille, très-fraîche et très-jolie, vêtue simplement d'un alkhalokh et d'un schalvar; et prenant de sa main un bonnet de cachemire bleu brodé de soie blanche , il me le donna, disant que sa fille m'en faisait hommage.

En sortant, et au moment de monter à cheval, nous fûmes entourés par une foule de malades, hommes, femmes, mendiants, derviches, et dans le nombre, — chose assez rare, — une femme derviche, auxquels Mirza-Baba distribua généreusement ses conseils et des recettes. Nous nous dirigeâmes ensuite vers le palais, où nous trouvâmes le petit Mirza-Naïbi-Saltana, paré de grosses pierres précieuses et adossé à d'énormes coussins [1]. Cet enfant flegmatique essaya, pendant la séance, de griffonner quelque chose sur du papier, et pria à plusieurs reprises son gouverneur de lui dessiner une perdrix. Le lendemain, de grand matin, je retournai prendre une seconde séance ; cette fois j'étais en uniforme, car je devais paraître devant le schah. Tout en dessinant et en fumant un calian après l'autre, j'attendis les ordres de Sa Majesté ; mais il y eut vraisemblablement inexactitude dans leur exécution, car l'heure était fort avancée lorsqu'on vint en hâte me chercher de sa part. Emportant avec moi tout mon bagage d'artiste, sans oublier le portrait du jeune prince, je me rendis à la cour d'attente, près de l'appartement royal. Quelques généraux, en nouveau costume, et un vieil eunuque blanc, d'un aspect abominable, attendaient le schah, qui, après m'avoir demandé à plusieurs reprises, venait, me dit-on, de se rendre à la prière. Désolé de ce contre-temps, je ne laissai pas que de me placer de manière à être aperçu du prince, afin qu'il ne doutât point que je ne me fusse rendu à ses ordres. Mohamed-Schah parut bientôt dans un

[1] Planche n° 19.

costume demi-moderne, très-disgracieux et très-laid. Sa grosse tête, sa marche incertaine, causée par une goutte invétérée, qui provenait, m'a-t-on dit, de sa grand'mère, et qui le tourmentait sans cesse, quoiqu'il n'eût encore que trente-trois ans, enfin une obésité gênante et la difformité d'un de ses pieds, qui l'oblige à boiter, contribuaient à lui donner un aspect triste et peu agréable. Sa figure, visiblement soucieuse en sortant, prit son expression habituelle de bonté dès qu'il m'aperçut, et, la politesse dominant en lui la souffrance, il se tourna vers moi d'un air riant : « *Gaïdj oldy*, il s'est fait tard, » me dit-il en langue turque ; « il faudra remettre notre séance à un autre jour ; » puis il s'informa de ma santé et continua son chemin, en recommandant à ses gens de me porter du sucre et un *djeïran*, espèce de cerf.

J'avais chargé un employé persan de remettre au schah le portrait du petit prince ; mais il était trop préoccupé de sa marche pénible pour l'examiner. Il se contenta d'ordonner qu'on le laissât au palais, et ayant grimpé sur un cheval rouan de race turcomane, ressemblant à un mulet, et dont la tête supportait un plumet, emblème de la royauté, il s'éloigna lentement au son de ses deux musiques. Devant lui, allaient ses coureurs, bizarrement accoutrés de bonnets à plumes et d'habits parsemés de pièces de monnaie d'or et d'argent, symbole, peut-être, de la richesse de la cour de Perse [1].

Je me mis en route à mon tour, suivi de domestiques du schah, dont les uns, munis d'un immense plateau, portaient triomphalement plusieurs pains de sucre d'Yezd, tandis que d'autres succombaient sous le poids du djeïran et d'une certaine quantité de perdrix. Je leur fis remettre une récompense de 8 toumans, à peu près 100 francs, qu'ils reçurent, selon l'usage du pays, d'un air fort révolté, et exigeant beaucoup plus, mais sans succès.

En rentrant chez moi, j'y trouvai un marchand arménien un peu moins coquin que ses confrères persans. Il m'apportait un sipèhr (bouclier) en acier d'un joli travail, orné d'inscriptions et d'arabesques incrustées en or, qu'il me dit appartenir au prince Mohamed-Véli-Mirza, et dont il me demanda une somme que je comptai sans hésiter. C'était 36 toumans. Ce n'était pas cher.

[1] Planche n° 20.

Ce Mohamed-Véli-Mirza, un des nombreux fils de Fet-Ali-Schah, avait été, si je ne me trompe, gouverneur de Schiraz. Sa réputation dans ce pays, ainsi que celle de son frère Keikhobade-Mirza, et enfin de presque tous ses frères, était tellement établie, que l'Arménien me pria de ne point considérer le marché comme définitif, jusqu'à ce qu'il eût remis la somme entre les mains du prince, de crainte qu'il ne vînt à se dédire.

« Vous savez, » me dit-il, « que ces *schahzadès* ne s'en font aucun scrupule, qu'ils sont tous *tamam-kharab*, c'est-à-dire des gens tarés, » *kharab* signifiant précisément une chose mauvaise, gâtée, en ruine.

Heureusement, toutefois, les craintes du prudent Arménien ne se réalisèrent pas. Mohamed-Véli-Mirza se contenta, par miracle, du prix qu'il avait d'abord demandé, et le sipèhr vint enrichir ma collection.

Quelques jours après, je reçus une députation du prince Keïkhobade-Mirza, qui m'apportait un bouclier semblable en cadeau de sa part. Pénétré de reconnaissance, je m'empressai de me rendre chez ce généreux seigneur. Je trouvai la pauvreté dans son habitation. Son air était noble et distingué, sa figure très-belle, quoiqu'il louchât. Le portrait de son royal père, feu Fet-Ali-Schah, se trouvait dans la chambre, et il y avait une ressemblance assez frappante entre le père et le fils. Le portrait en pied de mon aimable hôte y était aussi, dans le costume d'apparat des princes du sang et tenant un bouclier. Keïkhobade-Mirza, qui me faisait un accueil gracieux et cordial dont j'étais touché, surtout à cause de la pauvreté qui régnait chez lui, m'indiqua ce dernier portrait, en me disant que du temps de son père, comme je pouvais le voir, il était son *sélictar*, porteur du bouclier royal, et qu'alors il se trouvait dans une position brillante, mais que maintenant je le voyais déchu; qu'il m'avait envoyé le bouclier dont il avait hérité et qui était représenté dans ce tableau, sachant que je cherchais des armes au bazar. Je me confondis en remercîments, quoique cela dénote en Perse un homme de peu d'importance, et qu'un valet de chambre persan qui m'accompagnait me fît des signes pour m'arrêter. « C'est une bagatelle, » me dit le prince, « et j'espère trouver quelques autres objets plus dignes de vous, car mon seul désir est de vous être agréable. »

Le lendemain, arriva de sa part son nazir, intendant, pour me demander trois cents toumans, — trois mille six cents francs, — et comme je ne m'empressai pas de les donner, il fit reprendre son bouclier.

Un jour, il vint me voir et demanda pourquoi je le lui avais rendu : « Mais vous l'avez envoyé reprendre par votre nazir, » lui répondis-je. — « Mon nazir est un menteur et un coquin, » me dit-il en sa présence, tandis que l'autre souriait d'un air ambigu. « Donnez-moi cent toumans, » continua-t-il, « et je vous renverrai le bouclier, qui est à vous, du reste, je vous ai prié de l'accepter, comme tout ce que je possède. » L'affaire en resta là.

Jusqu'ici, du moins, Téhéran avait eu pour moi le mérite d'une température sereine, d'un air doux, d'un ciel presque toujours pur; la neige vint m'enlever cette dernière illusion. Pendant plusieurs semaines, Téhéran, ses plaines, ses vallées et ses montagnes, furent ensevelies sous un épais linceul blanc. Les rues étaient à peine praticables en ville, et la plus petite excursion au dehors un projet téméraire[1]. Les journées,

[1] Même par le beau temps, les chemins sont fort mauvais partout.

déjà si longues auparavant, me parurent dès lors interminables. — Que serais-je devenu pendant cet hiver, si je n'avais eu pour ressource la société aimable, la conversation spirituelle et vive de M. Ivanovski, un attaché de notre ambassade en Perse, avec lequel je me liai et passai mon temps! Puis enfin, le dégel arriva, et tout le pays, submergé pendant la débâcle, redevint praticable.

L'ennui et le désenchantement, qui s'étaient emparés de moi pendant ces longs jours d'inaction forcée, m'avaient fait soupirer après mon retour en Russie. Je résolus de quitter Téhéran au commencement de février, de parcourir en vingt jours l'espace qui sépare cette capitale de Tauris, et de m'arrêter deux semaines dans cette ville, afin d'arriver à Tiflis au commencement du mois d'avril. J'espérais qu'à cette époque la route du Caucase serait praticable; presque décidé,

Le terrain de la Perse a cela de particulier qu'il est tout perforé de trous, pareils à des trappes, où la jambe des chevaux se brise comme du verre, ainsi qu'il arriva devant moi à un charmant jeune étalon qui piaffait gaiement. On comprend, quand on les voit, l'histoire de ce roi de l'antiquité, Bahram-Gour, qui, poursuivant l'onagre avec passion, disparut soudain dans un de ces trous, lui et son cheval, sans qu'on ait jamais pu les retrouver.

dans le cas contraire, à laisser ma voiture en route et à me contenter des ressources de la poste. Je n'avais pas négligé de porter en ligne de compte une petite quarantaine de huit jours entre Tauris et Tiflis, au bord de l'Arass (Arax), ce triste fleuve qui fait rêver au Styx, et dont le lit s'étend au milieu d'une plaine aride et pierreuse.

Le 31 janvier, je me rendis une dernière fois au palais, pour dessiner encore un portrait du schah, et prendre congé de lui. Sa Majesté me combla de prévenances, de compliments et de paroles flatteuses; puis, se faisant apporter mes dessins, elle m'engagea à les corriger d'après nature. Je m'établis devant le schah, et modifiai, tant bien que mal, les parties qu'il trouvait défectueuses. Je fis moi-même remarquer que je lui avais fait les cheveux trop longs, et que ce défaut ne pouvait malheureusement pas être corrigé ; mais il répondit que cela était de peu d'importance, et parut poliment être enchanté de mon travail.

Je profitai de sa complaisance pour le prier de vouloir bien poser encore, afin de faire l'essai d'un nouveau croquis au crayon [1]. Il se prêta à cette fantaisie avec une grâce charmante et prit les attitudes que je désirais. Il m'offrit d'abord de poser de profil, mais comme je lui objectais que ce serait moins intéressant : « Bien, bien, » me répondit-il ; « comme vous voudrez, vous vous y entendez mieux que moi. » Et il se remit à causer avec les courtisans rangés à l'autre bout de la chambre, en faisant, comme la première fois, selon les règles de la politesse persane, et en langue turque, mon éloge dans les termes les plus exagérés ; — faisant remarquer, entre autres choses, qu'il était bien difficile de faire exactement la ressemblance avec autant de vitesse ; — probablement pour me rassurer en voyant que je me pressais beaucoup, et afin de me mettre à mon aise : toutes réflexions auxquelles les courtisans se contentaient toujours de répondre : « *Bêli, bêli,* oui, oui, » d'un ton monotone et sans expression.

Le schah parut très-surpris en apprenant que je devais partir de Téhéran le lendemain ou le surlendemain. Il s'informa des motifs qui m'avaient décidé

[1] Planche n° 21.

à quitter si tôt la Perse. Je répondis que j'étais pressé de rejoindre ma famille et mes amis, pour leur faire part de toutes les bontés dont m'avait comblé Sa Majesté. — A ces deux derniers mots, l'interprète substitua le *centre du monde*. — J'ajoutai que j'avais conçu le projet de revenir à Téhéran, l'année suivante, avec mon frère, ce qui, comme de raison, parut faire beaucoup de plaisir au prince. « Revenez vite, » me dit-il, « vous serez les très-bien-venus à ma cour. » S'adressant ensuite à Mirza-Massoud, son ministre des affaires étrangères, qui m'avait accompagné : « J'ai beaucoup connu de Francs, » dit-il, « mais aucun ne m'a jamais plu autant que celui-ci. » Cette phrase, il est vrai, perd un peu son effet, quand on sait que le bon prince la répète immanquablement à tous les étrangers qui se présentent. Puis, il demanda au ministre des affaires étrangères si les cadeaux qu'il m'avait destinés étaient prêts, en recommandant qu'ils ne valussent pas moins de trois cents toumans. Je pris alors congé de Sa Majesté, en me retirant le plus à reculons qu'il me fût possible, tandis qu'elle m'accompagnait de son sourire et de ses paroles bienveillantes.

Le lendemain, en me rendant à l'ambassade russe,

je rencontrai quatre domestiques du roi, qui conduisaient lentement et cérémonieusement un grand cheval boiteux de poil bai. Avant qu'on m'eût abordé pour me le dire, je devinai qu'il m'était destiné. Je n'avais pas encore eu le temps de prendre un air de circonstance, lorsque mon palefrenier, qui marchait près de mon cheval, se mit à injurier les gens du schah dans les termes les plus vifs, en refusant d'admettre une pareille rosse dans mon écurie. Malgré mon opposition à une action si grossière et mes exclamations en mauvais turc, les Persans retournèrent aux écuries du palais, où ils choisirent un autre cheval, et ils me l'amenèrent directement à l'ambassade. Mon palefrenier n'était pas plus disposé à recevoir celui-ci que le premier, non plus qu'à écouter mes observations et celles d'un drogman de l'ambassade, que j'avais appelé à mon secours pour déclarer que j'acceptais le présent royal avec respect. Tout était vain, la discussion allait toujours son train ; mon écuyer voulait faire son devoir malgré moi-même, ne s'interrompant que pour me faire entendre qu'il agissait dans mes intérêts; et les domestiques du schah, interdits des observations d'un serviteur si dévoué, s'en retournèrent encore une fois avec leur cheval pour en référer au premier ministre, qui jugerait dans sa haute sagesse si l'animal était digne ou non de m'être offert. Un mélange de finesse et d'astuce, avec une naïveté souvent enfantine, m'a paru remarquable dans le caractère des Persans.

Hadji-Mirza-Agassi trouva que le coursier n'était pas dénué de valeur, et me fit prier de leur pardonner si, dans le moment, on ne pouvait m'en offrir un meilleur, ajoutant qu'à mon retour en Perse on m'en ferait donner un superbe. Je reçus, en outre, de la part de Sa Majesté, deux très-jolis châles, évalués à 1000 roubles, et l'ordre du Soleil enrichi de diamants, avec le firman officiel.

DÉPART DE TÉHÉRAN

DÉPART DE TÉHÉRAN.

Ce fut le 3 février, à midi, que je quittai Téhéran, après avoir pris congé du digne colonel Duhamel, et suivi de cinq domestiques, montés sur des chevaux de louage et en conduisant deux autres en main. L'un, présent du roi, était blanc et avait la queue peinte en rouge; l'autre, acheté par moi 1,200 francs, était de la race turcomane qu'on nomme *téké;* c'était un étalon bai, sans crinière, fort beau et grand, mais un peu vieux [1]. Je ne me rappelle pas très-bien quel était le

[1] J'amenai ce *téké,* nommé Latchine, à Pétersbourg, où il fut très-admiré, et, plus tard, il reproduisit sa race dans un de nos haras. Cet étalon, d'une beauté remarquable, avait été fameux en Perse dans son jeune âge, et, à six ans, il avait été acheté, pour les écuries du roi de Perse, 600 toumans (7,200 francs), ce qui est un prix énorme dans le pays. C'était un plaisir de voyager sur cet aimable

cheval que je montais moi-même ce jour-là. Si je ne me trompe, c'était un cheval *yabou*, c'est-à-dire sans race, dont un seigneur persan de mes amis m'avait fait cadeau, bien malgré moi, car je l'avais renvoyé trois fois à son écurie, et pour lequel il m'avait, en définitive, extorqué quinze toumans, deux fois son prix.

Il tombait un peu de pluie, accompagnée d'une neige très-fine. La marche était pénible, car souvent le chemin disparaissait, et il fallait traverser au hasard des gués et des ponts étroits, sans garde-fous, et élevés au-dessus de ravins profonds.

C'est ainsi que nous cheminions [1] vers Souléïmanièh, où nous arrivâmes sans accident et d'où nous repartîmes le lendemain.

Trois jours après j'étais à Gazbine, installé dans la maison d'un certain Schérif-Khan, et traité, en son absence, par ses quatre fils tous habillés de même, et dont le plus âgé n'avait pas onze ans.

animal ; car il galopait de son plein gré du matin jusqu'au soir, avec une vivacité toujours renaissante. On parcourait ainsi des distances considérables, et il était très-doux, en Perse, où l'on ne fait généralement usage que d'étalons ; mais arrivé en Russie, où l'on se sert de juments, il fut intraitable.

[1] Planche n° 20.

Au milieu des ruines de cette ville, car presque toutes les villes persanes sont d'abominables ruines de murailles de boue, c'était une bonne fortune de trouver une chambre et une cheminée. L'un des murs de la pièce dans laquelle on me conduisit était en verres de couleur de très-petite dimension, et entremêlés régulièrement de petits carreaux en bois, car le verre est rare et coûteux en Perse. Toutefois, comme la plupart de ces vitraux étaient brisés et que le vent s'engouffrait dans les trous et les fissures, malgré le feu de la cheminée, j'étais à demi gelé et presque étouffé par la fumée. On mit fin à ce supplice en bouchant les trous et en clouant des feutres sur les portes.

Conduits par une espèce de domestique, qui remplissait près d'eux les fonctions de gouverneur, les enfants de la maison vinrent me faire une visite et s'assirent par terre. Le second, agé de dix ans, qui devait à la noblesse de sa mère d'être héritier des titres et biens paternels, s'informa en entrant de l'état de ma santé, et comme je lui demandai s'il était de bonne humeur, il me répondit, d'un petit air très-guindé, qu'en ma présence tout le monde devait être satisfait. Je lui offris ensuite des brioches, en le priant de me dire s'il les trouvait de son goût. « Tout ce que vous offrez est très-bon » dit-il, « tout ce que vous mangez ne peut être qu'excellent. » J'avais un bonnet sur la tête, un autre était posé sur la table. Je l'interrogeai sur la valeur qu'il attribuait à ces objets et sur celui des deux auquel il aurait donné la préférence. « Tous les deux sont superbes, » répondit-il, « mais celui que vous préférez est certainement le meilleur. »

Après un échantillon aussi piquant de la civilité du pays, on conçoit que je ne fus pas fâché de mettre un terme à la conférence, en me débarrassant de cet enfant si bien élevé. J'eus soin toutefois d'envoyer une tasse de thé à sa mère, que le gouverneur m'avait dit être jeune et jolie, et qui habitait la même maison avec trois autres femmes de Schérif-Khan, et elle le trouva tellement de son goût qu'elle m'en fit demander une livre.

De Gazbine à Siadohoun, le trajet ne fut pas fort long. J'en partis dans un costume qui semblait défier les frimas.

J'éprouvai bientôt que ces précautions, loin d'être superflues, n'étaient pas même suffisantes. En effet, comme à mesure que nous avancions le terrain allait toujours en s'élevant, le froid devenait d'heure en heure plus intense. N'ayant auprès de moi qu'un seul domestique arménien, le palefrenier, et séparé de mes bagages, j'étais transi, et nulle habitation, où je pusse trouver un abri, ne s'offrait à ma vue. A la fin, un voyageur m'indiqua une chaumière. J'y courus sans m'arrêter. Les habitants me reçurent à merveille. On s'empressa autour de moi, on alluma du feu, on m'apprêta un calian et du lait chaud. Une heure après ma suite m'avait rejoint; et m'étant restauré et réchauffé, après avoir bien récompensé l'hospitalité de ces bonnes gens, je me remis en marche, accompagné du voyageur qui m'avait indiqué cette cabane, et qui suivait le même chemin que moi.

Il ne me restait qu'un *farsakh* et demi à parcourir pour atteindre le village où mon mihmandar devait m'avoir préparé un logement pour la nuit. Ce village, appelé Khourroumdéré, situé dans un bas-fond, et couronné d'arbres à la sève riche et puissante, est l'un des plus pittoresques de ces contrées. Au milieu d'un désert de neige, j'y tombai tout d'un coup par un ravin inaperçu, et je me trouvai dans une longue rue ombragée d'arbres. La vallée verdoyante que ce village occupe est tellement étroite, que je devrais plutôt l'appeler une fente du terrain, et elle est protégée contre tous les vents au milieu de cette plaine élevée où il fait un froid de loup. Les habitants, du moins, aimaient à se le persuader ; car dans la maison où je m'installai, les portes des chambres étaient à peine jointes, et des trous pratiqués dans les murs y remplaçaient les fenêtres; de sorte que, malgré un grand feu flambant dans la cheminée, malgré les feutres avec lesquels on avait essayé de boucher les trous, malgré mon excellente pelisse, je ne pus me garantir ni du vent ni du froid. Les bougies s'éteignaient, et la fumée remplissait la chambre.

Les maîtres de la maison étalèrent devant moi des raisins excellents et des noix, et le moins âgé des paysans me demanda d'un air inquiet et embarrassé, — car il croyait commettre un grand crime, — s'il fallait m'apporter du vin. Je lui répondis affirmativement, et lui remis une bouteille vide dans laquelle on me servit une sorte de liqueur rouge assez mauvaise, et qui n'avait pas le moindre rapport avec le vin.

Le lendemain, je reçus la fâcheuse nouvelle qu'il était impossible de continuer notre voyage, le vent étant devenu tout à coup si violent et la neige si abondante, que tout vestige de chemin frayé avait disparu. Ce contre-temps m'inspira une grande résolution. Je me décidai à abandonner ma suite, mes chevaux et mes bagages, et à faire le reste de la route en *tschapar*, c'est-à-dire en courrier sur des chevaux de poste, de concert avec un de mes domestiques, mon écuyer arménien, le meilleur, le plus alerte, le plus intelligent de ceux que j'eusse à mon service, en fait de gens du pays. En quatre jours je pouvais être rendu de la sorte à Tauris, au lieu de quinze et plus qu'il m'en faudrait en allant du train ordinaire avec mon attirail de marche. Je n'ai pas dit qu'ayant trouvé des difficultés très-grandes pour faire passer en Perse les équipages à roues, j'avais laissé ma voiture à Tauris, dans l'espoir d'y retrouver des cochers et des chevaux à louer jusqu'à Tiflis, où commence la poste d'attelage. Mais les peines que j'eus à traverser le Caucase en hiver sont inimaginables. Pour des trajets qu'on fait en une heure l'été, il fallait souvent une journée entière. Ma dormeuse, traînée par dix ou douze chevaux et quelques paires de bœufs, et soutenue par trente et quarante hommes, courait à tout instant le risque d'être précipitée dans les abîmes. Moi-même j'allais dans un tout étroit et bas traîneau en écorce d'arbre, tiré par six chevaux, mes jambes traçant un sillon sur la neige, où les chevaux s'enfonçaient, qui s'effondrait même sous mon frêle équipage, et où je sautais parfois jusqu'aux genoux, y cheminant avec peine, lorsqu'il y avait chance d'être précipité dans quelque gouffre. Ajoutez à cela que depuis Tiflis j'avais pour compagnon de voyage un homme fort aimable et distingué, mais qui ne faisait que me parler de son projet arrêté de se suicider bientôt, en me montrant certains pistolets très-longs qu'il s'était fait faire tout exprès dans cette intention. Tel était son dégoût de vivre, qu'il contemplait avec envie les abîmes béants. C'était un jeune homme de trente et un ans, plein de santé, de vigueur, d'activité, de courage et d'esprit; mais, étrange phénomène de notre nature toujours si mystérieuse ! rongé d'un désespoir incessant.

Nous préférâmes bientôt voyager à cheval, sur des chevaux cosaques de la ligne; mais mon compagnon, trouvant que j'allais trop lentement au gré de son impatience, ne tarda pas à prendre congé de moi et partit en telègue, malgré un bras démis dans une de nos culbutes en traîneau. Plus tard, peu de semaines après, j'eus la douleur de trouver un jour cet homme sans vie, et, comme il me l'avait prédit, avec un trou noir à chacune de ses tempes. Il était encore assis sur son lit et tenait dans sa main l'un des deux pistolets que je connaissais. Combien ne l'avais-je pas prié de combattre son idée fatale! Mais les passions sont implacables. Une nuit donc il avait satisfait sa soif inextinguible de la mort. Je trouvai l'autre pistolet sur une chaise, de même que son modeste petit narguilé de voyage. Je me rappelai que, dans les moments où son âme était plus oppressée, il trouvait un peu de soulagement à aspirer profondément le toumbak. Le chagrin que j'éprouvais ne me permit pas de penser dans le moment à prendre possession de ce triste objet, ce qui, je crois, aurait été facile à obtenir. Mais à quoi bon aussi avoir un souvenir si pénible? Le malheureux était revêtu de sa robe de chambre boukhare à flammes rouges et blanches. Son noble visage était très-pâle et exprimait un calme dédain.

On n'y voyait aucune contraction. — Son uniforme cosaque était là soigneusement plié, car il en avait un grand soin et était strict pour sa tenue. Son alkhalokh afghan était accroché au mur. Ses papiers avaient été brûlés. Quelques jours avant cet événement, je l'avais rencontré pour la dernière fois au théâtre, à la représentation de la Norma, qu'il m'eût l'air d'écouter avidement comme pour essayer de se rattacher aux plaisirs de la vie. Cependant au sortir, dans le foyer, je vis encore plus de mélancolie que de coutume sur ses traits, quoique sa haute taille fût toujours soigneusement serrée, comme à l'ordinaire, et que j'eusse même fait la remarque que je ne l'avais pas encore vu aussi élégant que ce jour-là. « J'espère, » lui dis-je, « que vous avez abandonné votre fatal projet. — Non, répondit il, je suis toujours fermement décidé à l'exécuter, mais j'ai encore quelques affaires qui me retiennent. » Là-dessus, un jour qu'il faisait très-beau, quoique certain de le déranger, mais voulant faire violence à sa tristesse, j'allai chez lui pour l'entraîner au Jardin d'Été. Je trouvai sa modeste chambre fermée, et ce ne fut qu'après avoir vainement frappé pendant longtemps, que je me déterminai à chercher du monde pour enfoncer la porte, je ne dirai pas avec le pressentiment, mais avec la presque certitude du spectacle qui s'offrit à moi.

Le 11 février, je laissai donc mon Allemand, mon Russe, mes Persans, mes chevaux, mes bagages et les mulets que j'avais loués à Gazbine, attendre sans moi le retour du beau temps pour traverser les hautes plaines de Soultanièh, et je commençai de grand matin, par une neige épaisse et un vent glacial, mon voyage aventureux. A une heure de l'après-midi, j'avais franchi les six farsakhs ou agatschs [1], qui me séparaient de Soultanièh, le lieu le plus élevé et le plus froid de toute la Perse en fait de plaines, — car il faut en excepter les pics des montagnes, — et l'un des séjours de plaisance du schah pendant les chaleurs. J'entrai dans une écurie où l'on ne tarda pas à m'apporter un calian, du lait caillé et du pain bis. Après m'être quelque temps entretenu avec les habitants, tous, jeunes et vieux, très-empressés à me servir,

[1] Farsakh est le mot persan et agatsch le mot turc pour la même distance, environ sept kilomètres.

je repartis pour Zendjan, où j'arrivai fort avant dans la nuit, ayant parcouru au galop une distance un peu plus longue que celle du matin, et m'étant un peu égaré, en outre, grâce aux neiges qui couvraient les sentiers. J'étais même plusieurs fois tombé avec mon cheval. J'étais si horriblement fatigué, que les gens de la poste durent venir au-devant de moi pour me soutenir et m'aider à monter sur une sorte de plate-forme située dans l'écurie et chauffée par une cheminée, où les hommes se tiennent habituellement. L'odeur des chevaux et celle de la fumée y sont d'excellents préservatifs contre la propagation des insectes, et je pus y dormir paisiblement sans en être inquiété.

Le 12, j'atteignis Miana. Je continuai ensuite ma route vers Tourkmantschaï, dont le maître de poste, aimable vieillard, m'offrit un excellent déjeuner préparé par ses femmes. Cette course rapide, ce voyage à vol d'oiseau, à travers de pauvres villages et des vallées toutes blanches de neige, les accidents imprévus, les nuits passées dans des écuries et des gîtes abominables, cette privation des commodités les plus ordinaires de la vie, avaient cependant pour moi des charmes singuliers; et quand j'arrivai le 13 à Tauris, chez notre digne consul M. Anitschkoff, qui me reçut avec une cordialité parfaite, je ne pus que m'applaudir du parti que j'avais pris pour atteindre aussi promptement l'un des buts de mon voyage. Cependant je ressentis pendant quinze jours de la fatigue dans les os. Mais, en récompense, ce voyage forcé de quatre jours me guérit tout à fait de certains rhumatismes à la tête, dont j'avais constamment souffert depuis mon enfance.

Sur les confins de la Perse et de la Russie, au bord de l'Arax, est la quarantaine de Djulfa, dont le directeur à cette époque était assez enclin à boire, et ce goût un peu trop prononcé lui faisait souvent commettre dans son service des fautes qui lui valaient des réprimandes sévères de la part de son chef immédiat, notre consul à Tauris. Si j'en parle avec cette liberté, c'est que le pauvre homme n'a plus aujourd'hui à rendre compte qu'à Dieu de ses peccadilles en ce monde.

Un jour, je trouvai notre consul fort en colère de

ce que son subordonné lui avait envoyé un poisson, ce qui est une rareté en Perse. Lui ayant témoigné ma surprise de son indignation pour une chose si peu grave : « Comment, » me dit-il, en me montrant l'objet de sa colère que la poste venait d'apporter, « cet homme, que je tolère à peine, se permet de m'envoyer un poisson dans l'espoir que son présent pourra m'engager à fermer les yeux sur sa conduite! Non, je le ne souffrirai pas ! » Et malgré mes observations, prenant la chose au sérieux, il renvoya le poisson.

Ce qui donnait du comique à la scène, c'est que ce poisson tentateur — que je n'aurai pas l'indiscrétion de nommer — par une coïncidence bizarre, s'appelait précisément comme celui qui avait voulu en faire un instrument de corruption.

Quelques jours après cette conversation, j'arrivais à Djulfa, mal résigné à y subir ma quarantaine. Ayant demandé à voir le directeur, on me répondit qu'il n'était pas visible, qu'il était malade et prenait un bain de vapeur ; que, lorsqu'il en sortirait, il viendrait me parler. Et comme j'insistais, je finis par savoir que c'était pour se dégriser et être en état de paraître devant moi, qu'il s'était mis dans ce bain de vapeur.

Cette explication ne me consola pas. C'était une perte de temps qui, vraisemblablement, ne me compterait pas pour ma quarantaine. Tout en faisant cette réflexion pénible, je jetai un regard ennuyé autour de moi. Quelle désolation! sur les bords gris et arides de l'Arax, il n'y avait que trois baraques, couleur de boue; l'une était la maison du directeur, l'autre son harem et la troisième son bain. Où donc allait-on me faire subir la quarantaine?

La réponse à cette question m'arriva en la personne d'un employé subalterne qui m'introduisit dans un souterrain sombre et étouffant. C'était le meilleur logement qu'on eût à m'offrir. Mon cœur se serra. Je me hâtai de revenir au grand air, et ce ne fut qu'alors que je remarquai des marchandises entassées, et quelques malheureux Arméniens décharnés et à l'air consterné, qui avaient surgi de dessous terre, ou qui m'avaient été cachés par quelque accident de ce terrain crevassé, et qui, voyant arriver de nouveaux compagnons d'infortune, avaient lentement secoué leur torpeur pour se traîner jusqu'à nous.

Qu'on juge de mon effroi lorsque j'appris qu'ils languissaient là depuis vingt jours, et qu'il leur en restait encore autant à y languir !

Une demi-heure s'était passée, et les employés avaient un air d'inquiétude que je ne m'expliquais pas, mais que je n'étais que trop disposé à partager, lorsque je vis apparaître un gros homme rouge en uniforme, les cheveux ébouriffés, qui, d'un pas mal assuré, mais rapide, s'avançait évidemment vers moi. Il n'y avait pas à s'y méprendre, c'était le directeur de ce purgatoire; j'allais entendre prononcer mon arrêt. — Et quel arrêt ! — Il n'avait pas de quoi me loger !... Au moment où je frémissais à l'idée d'être obligé de rentrer sous terre ou de dormir à la belle étoile, mon homme, avec beaucoup d'embarras et d'excuses sur le manque absolu d'emplacement pour me recevoir comme il aurait voulu, me proposa, d'une voix timide et en protestant de la sincérité de tous ses regrets, me proposa, dis-je, de ne pas faire de quarantaine, m'assurant que je lui rendrais un vrai service de vouloir bien continuer ma route.

Il paraissait avoir si grand'peur d'un refus, que je ne crus pas devoir insister, et je m'empressai de lui donner la satisfaction dont il osait à peine concevoir l'espérance.

Plus tard, arrivé à Tiflis, je reçus la nouvelle qu'il était mort peu de jours après mon passage. Je me félicitai d'autant plus de m'être rendu à ses désirs. Si je les avais contrariés, je me serais peut-être accusé d'avoir contribué à abréger ses jours.

De Tauris à Tiflis je n'allai plus si vite, et partout la neige me présenta des obstacles. Tiflis me parut un paradis que je m'empressai pourtant de quitter à cause du désir poignant qui me poussait à retourner dans mon pays. Je ne reconnus plus le magnifique Caucase, que j'avais traversé avec enthousiasme l'automne précédent, tant l'hiver l'avait changé. Ses sombres forêts, ses abîmes sauvages, ses vallées grandioses, tout était plein de neige. Passé les gorges des montagnes, je dus encore aller au pas, à cause d'une escorte d'infanterie qu'il me fallut prendre dans les plaines boisées infestées par les Tscherkess, et jusqu'à Moscou je trouvai les chemins à peine praticables.

FIN.

TABLE.

TABLE.

LISTE DES PLANCHES.

LISTE

DES PLANCHES.

CORBEIL, TYP. ET STÉR. DE CRÉTÉ.

CORBEIL, TYPOGRAPHIE DE CRÉTÉ.

www.ingramcontent.com/pod-product-compliance
Ingram Content Group UK Ltd.
Pitfield, Milton Keynes, MK11 3LW, UK
UKHW012036240726
13965UKWH00003B/820

9 782013 069984